须知单

作料

须知单

火锅

海鲜单

燕窝

海鲜单

海参

海鲜单

乌鱼蛋

江鲜单

刀鱼

江鲜单

黄鱼

特牲单

猪蹄

特牲单

猪肚

特牲单

红煨肉

特牲单

粉蒸肉

特牲单

烧小猪

特牲单

排骨

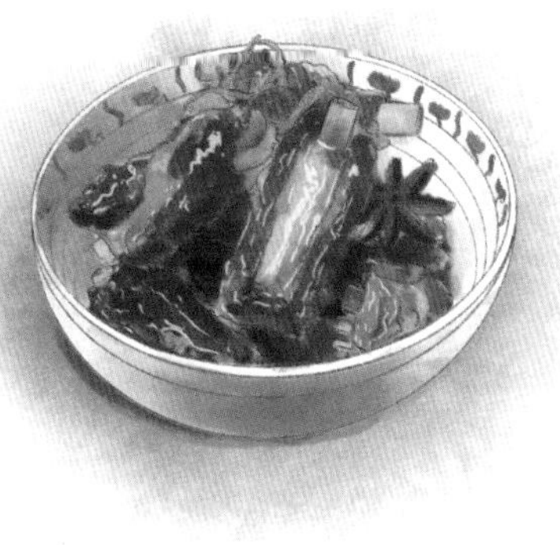

特牲单

蜜火腿

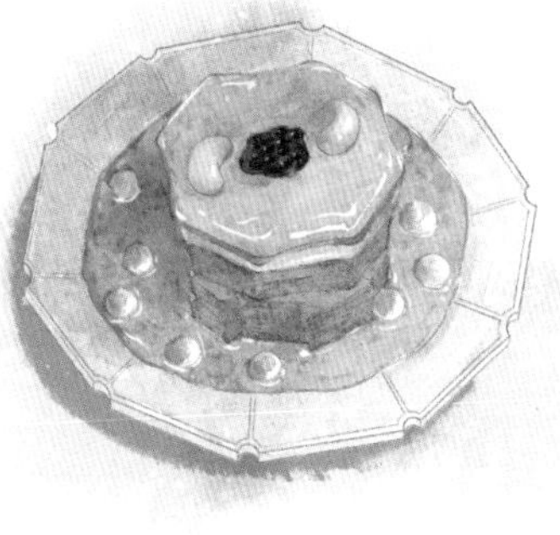

杂牲单

羊头

杂牲单

羊羹

杂牲单

假牛乳

羽族单

鸡粥

羽族单

蘑菇煨鸡

羽族单

鸡血

羽族单

云林鹅

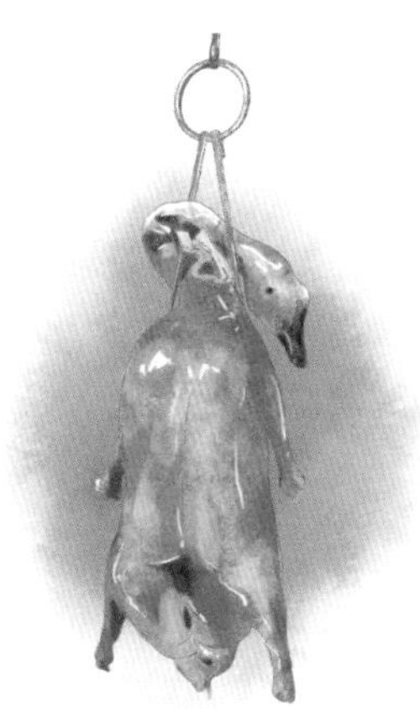

水族有鳞单

边鱼

水族有鳞单

连鱼豆腐

水族有鳞单

家常煎鱼

水族无鳞单

汤鳗

水族无鳞单

汤煨甲鱼

水族无鳞单

虾饼

水族无鳞单

蟹

杂素菜单

八宝豆腐

杂素菜单

蕨菜

杂素菜单

冬瓜

杂素菜单

猪油煮萝卜

小菜单

腐干丝

小菜单

海蜇

小菜单

腌蛋

点心单

素面

点心单

薄饼

点心单

竹叶粽

点心单

水粉汤圆

点心单

雪花糕

点心单

栗糕

点心单

花边月饼

饭粥单

粥

茶酒单

茶

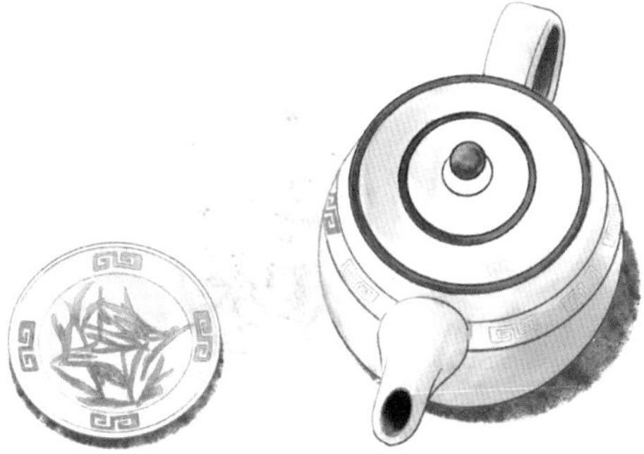

茶酒单

郫筒酒

夏味

〔清〕袁枚 著
夏一味 郑巍 编

随园食单

sui yuan shi dan

穿越时空的中华古典美食

须知单
戒单
海鲜单
江鲜单
特牲单
杂牲单
羽族单
水族有鳞单
水族无鳞单
杂素菜单
小菜单
点心单
饭粥单
茶酒单

人民邮电出版社
北京

图书在版编目（CIP）数据

随园食单 ： 穿越时空的中华古典美食 / （清） 袁枚著 ； 夏一味， 郑巍编. -- 北京 ： 人民邮电出版社，2023.3
ISBN 978-7-115-59590-4

Ⅰ. ①随… Ⅱ. ①袁… ②夏… ③郑… Ⅲ. ①烹饪－中国－清前期②食谱－中国－清前期③中式菜肴－中国－清前期 Ⅳ. ①TS972.117

中国版本图书馆CIP数据核字(2022)第120925号

内 容 提 要

本书从清代美食家、文学家袁枚的雅致文字和乐活哲学中挖掘内容，介绍三百余道随园菜品，包括海鲜、江鲜、特牲、杂牲等类别。为了增添食单的吸引力，营造古朴典雅的调性，本书还配有多幅插画。

为了使读者在美文、美图中完成一次舌尖上的“穿越”，书中另附部分菜品的复刻方法。青年美食家采用常见的原料、现代化的烹饪设备，结合传统的烹饪方式，复刻随园菜品。跟随书中的步骤制作，读者也能亲口品尝到古代美食。

本书适合全年龄段的传统文化爱好者、美学爱好者和美食爱好者阅读。

◆ 著　[清] 袁 枚
编　夏一味 郑 巍
责任编辑　魏夏莹
责任印制　周昇亮

◆ 人民邮电出版社出版发行　北京市丰台区成寿寺路 11 号
邮编 100164　电子邮件 315@ptpress.com.cn
网址 https://www.ptpress.com.cn
天津市豪迈印务有限公司印刷

◆ 开本：690×970 1/16　彩插：8
印张：11　2023 年 3 月第 1 版
字数：307 千字　2023 年 3 月天津第 1 次印刷

定价：79.80 元

读者服务热线：(010)81055296　印装质量热线：(010)81055316
反盗版热线：(010)81055315
广告经营许可证：京东市监广登字 20170147 号

编者的话

《随园食单》原书为清代学者袁枚所著。在这本书中，袁枚不仅详细地介绍了当时的饮食状况和烹饪技术，还加入了袁枚个人思考和体验。书中部分内容受到当时社会偏见的影响，带有作者本身认识上的局限性，有一些内容则源自作者主观喜好。如书中袁枚对于厨者的评价，对于江瑶柱“多弃少取”的做法和“勿食人间豢养之物”的看法。随着时代的发展和人们观念的更新，古人的部分观点不一定可取。

书中还有一些食疗的说法，如以黄芪蒸鸡治疗肺痨，是受限于当时的社会医疗水平。

我们出版本书，旨在让读者了解到古人生活，抒发对美好美食的向往。相信广大读者在阅读中，能够审慎甄别，对内容有自己的判断。

本书卷一配图并非是《随园食单》原书配图，而是本书的创作团队根据文本内容，同时加入了当代画者的艺术处理，并非完全一致。

本书卷二分享了青年美食家夏一味根据《随园食单》复刻制作的美食。制作方法是基于《随园食单》的文本内容，但加入了夏一味的个人见解，根据实际情况，在食材、手法等方面都有一定的更新和改良。

编者

写在前面

夏一味

袁枚，自号仓山居士、随园老人，钱塘（今浙江杭州）人，清朝的大才子、诗坛盟主，同时也是一位美食家。三十多岁出头时父亲去世，他辞官养母，于江宁（今江苏南京）购置了隋氏废园并对之进行改造和修筑，名之为“随园”，余生的近五十年时间他都在此居住。

随园位于南京五台山余脉小仓山一带，原为曹雪芹祖上林园。袁枚在《随园诗话》中说：“……雪芹撰《红楼梦》一部，备记风月繁华之盛，中有所谓大观园者，即余之随园也。”由此得出，随园很可能是《红楼梦》中“大观园”的原型。大观园承载了贾府少男少女的绮梦，而现实中袁枚也将随园经营成了江南一带赫赫有名的私人园林。他在随园中读书、写诗、授业。渐渐地，随园成了文人雅士赏花观灯、饮酒赋诗的绝佳场所，成为乾隆时期江南文人的精神乐园。

袁枚在《苔》一诗中写道：“苔花如米小，也学牡丹开。”下厨烹饪一直被士大夫认为是“末技”，为君子所不取。但袁枚却打破成见，虚心向各家请教，还曾用轿子将友人家的厨娘迎到府中教授厨艺。他花费了四十年时间，忠实地记录下各种菜肴和它们的制作者。全面系统地探讨中国烹饪的技术理论问题，应该是从袁枚开始的。

《随园食单》共十四单，含菜肴饭点三百余种，从做菜到说菜，让食客由烹调而考究其中食材之地域，一方水土一方食材，都有学问及养生之道。这本包罗万象的食谱，菜式以江浙菜为主，兼介绍粤菜、徽菜及鲁菜等，既有官府菜、宫廷菜“居庙堂之高”，也有街市小食、民间菜“处江湖之远”。

除却“口腹之欲”的层面，本书也探讨了美食背后的饮食文化。袁枚在书中以食物本味至上，体现了江南菜系强调原料的特点；反对浪费和残暴地对待动物，批评喧哗造作的用餐行为，提倡卫生和顺从本心，这是温柔敦厚的传统文化构成的底色。他也看重器物之美，赞同“美食不如美器”，杯盘虽小，也可谓煞费苦心，精致到每一处细节。

申猴之年，我开始以“夏一味”的名字成为私厨，到如今有幸吸引了200多万微博粉丝，制作的一系列古代美食复原视频总播放量已经过亿。从始至今，《随园食单》一直是我做菜和排菜的灵感来源——煨、炒、灼、腌、蒸、煎、熘，在于“技”；作料须知、火候须知、戒耳餐、戒落套、戒暴殄，在于“道”。一天只做一两道菜，少言谈，交友戒落套，做菜戒停顿。追求味蕾上的酸甜苦辛咸涩怪，如看梅兰竹菊荷枫松，随园老人当年也是这般，品舌尖上的为人之道，卧游山水。

目录

✣ 捌 ✣

拾叁

卷二

舌尖上的穿越：随园名菜复刻

卷一

随园食单

壹

序

诗人美周公而曰“笾豆有践”[①]，恶凡伯而曰“彼疏斯稗”[②]。古之于饮食也若是重乎？他若《易》称“鼎烹”，《书》称“盐梅”，《乡党》《内则》琐琐言之。孟子虽贱“饮食之人”，而又言饥渴未能得饮食之正。可见凡事须求一是处，都非易言。《中庸》曰：“人莫不饮食也，鲜能知味也。”《典论》曰：“一世长者知居处，三世长者知服食。”古人进鬐离肺[③]，皆有法焉，未尝苟且。“子与人歌而善，必使反之，而后和之。”[④]圣人于一艺之微，其善取于人也如是。

余雅慕此旨，每食于某氏而饱，必使家厨往彼灶觚[⑤]，执弟子之礼。四十年来，颇集众美。有学就者，有十分中得六七者，有仅得二三者，亦有竟失传者。余都问其方略，集而存之。虽不甚省记，亦载某家某味，以志景行。自觉好学之心，理宜如是。虽死法不足以限生厨，名手作书，亦多出入，未可专求之于故纸；然能率由旧章[⑥]，终无大谬，临时治具，亦易指名。

或曰：“人心不同，各如其面。子能必天下之口，皆子之口乎？”曰：“执柯以伐柯，其则不远[⑦]。吾虽不能强天下之口与吾同嗜，而姑且推己及物；则食饮虽微，而吾于忠恕之道，则已尽矣。吾何憾哉！”若夫《说郛》所载饮食之书三十余种，眉公、笠翁[⑧]，亦有陈言。曾亲试之，皆阏[⑨]于鼻而蜇[⑩]于口，大半陋儒附会，吾无取焉。

【注释】

①笾（biān）豆有践：《诗经·伐柯》有“我觏之子，笾豆有践。”意指盛满食物的器具整齐地摆放于案上。践，整齐有序的样子。

②彼疏斯粺（bài）：出自《诗经·召旻》，比喻按身份只能吃糙米却吃了精米。疏，粗，即糙米。粺，通“粺”，精米。

③进鬐（qí）离肺：《礼记》等规定，进献鱼和动物的肺时，鱼的脊背必须朝着享用者，动物的肺必须连着心，不能违规，意指古人进餐的法度。鬐，鱼的背鳍，此处指鱼或鱼翅。离，剥离，分解。

④“子与人歌而善……而后和之”：出自《论语·述而》，意为孔子与人一起唱歌，如果唱得好，一定会请人再唱一遍，然后自己和他一起唱。

⑤灶觚（gū）：灶口平地突出之处，代指厨房。

⑥率由旧章：出自《诗经·假乐》的“不愆不忘，率由旧章”，意为完全按照过去既定的章程办事。

⑦执柯以伐柯，其则不远：袁枚改写了《诗经·伐柯》，原文为“伐柯伐柯，其则不远”，意为拿着斧柄去砍伐适合做斧柄的木材，拿着书学习烹饪的法则也和这个差不多。

⑧眉公、笠翁：眉公，即陈继儒，字仲醇，号眉公，松江府华亭（今上海松江）人，古琴、词曲、诗文皆通，著有《小窗幽记》等，善于品鉴美食；笠翁，即李渔，号笠翁，兰溪（今属浙江）人，在戏曲创作、戏曲理论研究和小说创作等方面有突出成就，对于生活美学亦有研究，著有《闲情偶寄》等。

⑨阏（è）：阻塞。

⑩蜇：刺痛。

贰

须知单

学问之道，先知而后行[①]，饮食亦然。作《须知单》。

【注释】

①先知而后行：先掌握理论知识而后实践应用检验。

先天须知

凡物各有先天，如人各有资禀。人性下愚，虽孔、孟教之，无益也；物性不良，虽易牙[①]烹之，亦无味也。指其大略：猪宜皮薄，不可腥臊；鸡宜骟[②]嫩，不可老稚；鲫鱼以扁身白肚为佳，乌背者，必崛强于盘中[③]；鳗鱼以湖溪游泳为贵，江生者，必槎枒其骨节[④]；谷喂之鸭，其膘肥而白色；壅土[⑤]之笋，其节少而甘鲜；同一火腿也，而好丑判若天渊；同一台鲞[⑥]也，而美恶分为冰炭；其他杂物，可以类推。大抵一席佳肴，司厨之功居其六，买办之功居其四。

【注释】

①易牙：春秋时期一位著名的厨师，传说曾烹其子进献齐桓公。

②骟（shàn）：阉割牲畜。

③崛强于盘中：骨头粗硬，难以在盘中摆好形状。

④槎（chá）枒其骨节：骨刺像枝丫般错乱。

⑤壅土：堆积的泥土。

⑥台鲞（xiǎng）：台州出产的各种鱼干。

作料须知

厨者之作料，如妇人之衣服首饰也。虽有天姿，虽善涂抹，而敝衣蓝缕，西子亦难以为容。善烹调者，酱用伏酱[①]，先尝甘否；油用香油，须审生熟；酒用酒酿，应去糟粕；醋用米醋，须求清冽。且酱有清浓之分，油有荤素之别，酒有酸甜之异，醋有陈新之殊，不可丝毫错误。其他葱、椒、姜、桂、糖、盐，虽用之不多，而俱宜选择上品。苏州店卖秋油[②]，有上、中、下三等。镇江醋颜色虽佳，味不甚酸，失醋之本旨矣。以板浦醋[③]为第一，浦口[④]醋次之。

【注释】

①伏酱：三伏天酿制的酱，因天热发酵充分，风味上佳。

②秋油：深秋时的头道酱油，其质量最好，又名母油。

③板浦醋：板浦，今江苏板浦镇。板浦醋以高粱为原料，风味独特，乾隆食用后赞不绝口。

④浦口：今江苏南京市浦口区。

洗刷须知

洗刷之法，燕窝去毛，海参去泥，鱼翅去沙，鹿筋去臊。肉有筋瓣，剔之则酥[①]；鸭有肾臊，削之则净；鱼胆破，而全盘皆苦；鳗涎存，而满碗多腥；韭删叶而白存，菜弃边而心出。《内则》曰："鱼去乙，鳖去丑[②]。"此之谓也。谚云："若要鱼好吃，洗得白筋出。"亦此之谓也[③]。

【注释】

①酥：酥软。

②鱼去乙，鳖去丑：鱼要除掉鱼目旁的硬骨，甲鱼要去掉屁股。

③亦此之谓也：说的也就是这个道理。

调剂须知

调剂之法，相物而施。有酒水兼用者，有专用酒不用水者，有专用水不用酒者；有盐酱并用者，有专用清酱不用盐者，有用盐不用酱者；有物太腻，要用油先炙[①]者；有气太腥，要用醋先喷者；有取鲜必用冰糖者；有以干燥为贵者，使其味入于内，煎炒之物是也；有以汤多为贵者，使其味溢于外，清浮之物[②]是也。

【注释】

①炙：煎烤。

②清浮之物：味道清淡鲜美而又容易在汤水中浮起的食物。

配搭须知

谚曰："相女配夫①。"《记》曰："儗人必于其伦②。"烹调之法，何以异焉？凡一物烹成，必需辅佐。要使清者配清，浓者配浓，柔者配柔，刚者配刚，方有和合之妙。其中可荤可素者，蘑菇、鲜笋、冬瓜是也。可荤不可素者，葱韭、茴香、新蒜是也。可素不可荤者，芹菜、百合、刀豆是也。常见人置蟹粉③于燕窝之中，放百合于鸡、猪之肉，毋乃唐尧与苏峻④对坐，不太悖⑤乎？亦有交互见功者，炒荤菜，用素油，炒素菜，用荤油是也。

【注释】

①相女配夫：根据女儿的情况挑选合适的女婿。

②儗（nǐ）人必于其伦：语出《礼记》。判断一个人只能把他和同类的人相比较。儗，比较，比拟。

③蟹粉：从煮熟或蒸熟后的蟹中拆取出的蟹肉和蟹黄的统称，味道鲜美，有多种烹饪用途，可蒸、炒、制馅儿或作为提味增鲜的原料。

④唐尧与苏峻：唐尧，即尧，称陶唐氏，传说中的天子，传位于舜。苏峻，东晋名将，后成为叛臣，被诛杀。

⑤悖：不合理，荒谬。

独用须知

味太浓重者，只宜独用，不可搭配。如李赞皇①、张江陵②一流，须专用之，方尽其才。食物中，鳗也，鳖也，蟹也，鲥鱼③也，牛羊也，皆宜独食，不可加搭配。何也？此数物者味甚厚，力量甚大，而流弊亦甚多，用五味调和，全力治之，方能取其长而去其弊。何暇舍其本题，别生枝节哉？金陵人好以海参配甲鱼，鱼翅配蟹粉，我见辄攒眉。觉甲鱼、蟹粉之味，海参、鱼翅分之而不足；海参、鱼翅之弊，甲鱼、蟹粉染之而有余。

【注释】

①李赞皇：唐武宗时期的宰相李德裕，字文饶，一代名臣，位高权重，后世对其评价颇高，人称李赞皇，今河北赞皇人。

②张江陵：明万历时期的内阁首辅张居正，他锐意改革，奋发有为，为湖北江陵（今湖北荆州）人，人称张江陵。

③鲥（shí）鱼：栖息于海水中，春末夏初溯河洄游产卵；幼鱼在江湖中生长，一般长到150毫米左右入海，在海中发育成长。其肉质细腻，脂肪丰富，曾经是我国南方常见食用鱼种，现已濒危。

火候须知

熟物之法，最重火候。有须武火者，煎炒是也；火弱则物疲矣。有须文火者，煨煮是也；火猛则物枯矣。有先用武火而后用文火者，收汤之物是也；性急则皮焦而里不熟矣。有愈煮愈嫩者，腰子、鸡蛋之类是也。有略煮即不嫩者，鲜鱼、蚶[①]蛤之类是也。肉起迟则红色变黑，鱼起迟则活肉变死。屡开锅盖，则多沫而少香。火熄再烧，则走油而味失。道人以丹成九转为仙，儒家以无过、不及为中[②]。司厨者，能知火候而谨伺之，则几于道矣[③]。鱼临食时，色白如玉，凝而不散者，活肉也；色白如粉，不相胶粘者，死肉也。明明鲜鱼，而使之不鲜，可恨已极。

【注释】

①蚶（hān）：海产软体动物，分布于我国沿海地区。

②儒家以无过、不及为中：指儒家讲究中庸之道。语出朱熹《中庸章句》："中者，不偏不倚，无过不及之名。"

③几于道矣：几乎是掌握要领了。

色臭[①]须知

目与鼻，口之邻也，亦口之媒介也。嘉肴到目、到鼻，色臭便有不同。或净若秋云，或艳如琥珀，其芬芳之气亦扑鼻而来，不必齿决[②]之，舌尝之，而后知其妙也。然求色艳不可用糖炒，求香不可用香料。一涉粉饰便伤至味。

【注释】

①色臭：色，颜色。臭，通“嗅”，气味。

②齿决：用牙齿咬。决，咬，嚼。

迟速须知

凡人请客，相约于三日之前，自有工夫平章百味①。若斗然客至，急需便餐；作客在外，行船落店：此何能取东海之水，救南池之焚乎？必须预备一种急就章之菜②，如炒鸡片，炒肉丝，炒虾米豆腐及糟鱼、茶腿③之类，反能因速而见巧者，不可不知。

【注释】

①平章百味：指排列菜单，准备好各种各样的菜品。平，平衡，此处引申为选择各种菜品。

②急就章之菜：能快速应付局面的救急菜品。

③茶腿：腌制或熏制的动物的腿，一般用猪后腿作为原料。

变换须知

一物有一物之味，不可混而同之。犹如圣人设教①，因才乐育，不拘一律。所谓君子成人之美也。今见俗厨，动以鸡、鸭、猪、鹅一汤同滚，遂令千手雷同，味同嚼蜡。吾恐鸡、猪、鹅、鸭有灵，必到枉死城中告状矣。善治菜者，须多设锅、灶、盂、钵之类，使一物各献一性，一碗各成一味。嗜者舌本应接不暇，自觉心花顿开。

【注释】

①设教：施教。

器具须知

古语云：美食不如美器。斯语是也。然宣、成、嘉、万①窑器太贵，颇愁损伤，不如竟②用御窑，已觉雅丽。惟是宜碗者碗，宜盘者盘，宜大者大，宜小者小，参错其间，方觉生色。若板板③于十碗八盘之说，便嫌笨俗。大抵物贵者器宜大，物贱者器宜小。煎炒宜盘，汤羹宜碗，煎炒宜铁锅，煨煮宜砂罐。

【注释】

①宣、成、嘉、万：指明代宣德、成化、嘉靖、万历四朝。

②竟：直接。

③板板：铜铸的模子。形容刻板，不知变通。

上菜须知

上菜之法，盐者宜先，淡者宜后；浓者宜先，薄者宜后；无汤者宜先，有汤者宜后。且天下原有五味①，不可以咸之一味概之。度客食饱，则脾困矣，须用辛辣以振动之；虑客酒多，则胃疲矣，须用酸甘以提醒之。

【注释】

①五味：指酸、甘、苦、辛、咸五种味道。

时节须知

夏日长而热，宰杀太早，则肉败矣。冬日短而寒，烹饪稍迟，则物生①矣。冬宜食牛羊，移之于夏，非其时也。夏宜食干腊，移之于冬，非其时也。辅佐之物，夏宜用芥末，冬宜用胡椒。当三伏天而得冬腌菜，贱物也，而竟成至宝矣。当秋凉时而得行鞭笋②，亦贱物也，而视若珍馐矣。有先时而见好者，三月食鲥鱼是也。有后时而见好者，四月食芋艿③是也。其他亦可类推。有过时而不可吃者，萝卜过时则心空，山笋过时则味苦，刀鲚④过时则骨硬。所谓四时之序，成功者退，精华已竭，褰裳⑤去之也。

【注释】

①生：没熟透。

②行鞭笋：一种竹笋，形状如鞭。

③芋艿：一般指芋头。

④刀鲚：刀鱼。春季刀鱼从海里游到江河中产卵。过季之后，刀鱼就会变得骨刺坚硬。

⑤褰（qiān）裳：提起衣裳。褰，提起，撩起。

多寡须知

用贵物宜多，用贱物宜少①。煎炒之物多，则火力不透，肉亦不松。故用肉不得过半斤，用鸡、鱼不得过六两。或问：食之不足②如何？曰：俟③食毕后另炒可也。以多为贵者，白煮肉，非二十斤以外，则淡而无味。粥亦然，非斗米则汁浆不厚，且须扣水④，水多物少，则味亦薄矣。

【注释】

①用贵物宜多，用贱物宜少：一种菜品中的贵贱食料搭配，贵重食料量宜多，廉价食料量宜少。

②食之不足：意指不够吃。

③俟：等到。

④扣水：控制水量。

洁净须知

切葱之刀，不可以切笋；捣椒之臼，不可以捣粉。闻菜有抹布气者，由其布之不洁也；闻菜有砧板气者，由其板之不净也。“工欲善其事，必先利其器。”良厨先多磨刀，多换布，多刮板，多洗手，然后治菜。至于口吸之烟灰，头上之汗汁，灶上之蝇蚁，锅上之烟煤，一玷①入菜中，虽绝好烹庖，如西子②蒙不洁，人皆掩鼻而过之矣。

【注释】

①玷：玷污。

②西子：西施，著名美人。

用纤须知

俗名豆粉①为纤者，即拉船用纤也，须顾名思义。因治肉者要作团而不能合，要作羹而不能腻，故用粉以牵合之。煎炒之时，虑肉贴锅，必至焦老，故用粉以护持之。此纤义也。能解此义用纤，纤必恰当，否则乱用可笑，但觉一片糊涂。汉制考②齐呼曲麸③为媒，媒即纤矣。

【注释】

①豆粉：芡粉，由黄豆制成，在烹饪中起勾芡的作用。

②汉制考：宋朝王应麟写的关于汉代制度的一些文献摘抄笔记。

③曲麸：发酵过的谷物表皮，汉朝时用来做芡粉。

选用须知

选用之法，小炒肉用后臀，做肉圆用前夹心①，煨肉用硬短勒②。炒鱼片用青鱼、季鱼③，做鱼松用鲩鱼④、鲤鱼。蒸鸡用雏鸡，煨鸡用骟鸡⑤，取鸡汁用老鸡；鸡用雌才嫩，鸭用雄才肥；莼菜⑥用头，芹韭用根；皆一定之理。余可类推。

【注释】

①前夹心：猪的前腿肉，位于猪肩颈肉下方，适宜做肉圆或馅儿。

②硬短勒：五花肉，猪肋条下的板状肉。

③季鱼：鳜鱼，四大淡水名鱼之一。

④鲩（huàn）鱼：草鱼，中国特产鱼之一。

⑤骟鸡：阉过的公鸡。

⑥莼（chún）菜：江南常见水生野菜，嫩茎叶可食，为“江南三大名菜”之一。

疑似须知

味要浓厚，不可油腻；味要清鲜，不可淡薄。此疑似之间，差之毫厘，失以千里。浓厚者，取精多而糟粕去之谓也。若徒贪肥腻，不如专食猪油矣。清鲜者，真味出而俗尘无之谓也；若徒贪淡薄，则不如饮水矣。

补救须知

名手调羹，咸淡合宜，老嫩如式①，原无需补救。不得已为中人②说法，则调味者，宁淡毋咸，淡可加盐以救之，咸则不能使之再淡矣。烹鱼者，宁嫩毋老，嫩可加火候以补之，老则不能强之再嫩矣。此中消息[3]，于一切下作料时，静观火色便可参详。

【注释】

①式：平常分寸。

②中人：普通人。

③消息：诀窍，关键。

本分须知

满洲[1]菜多烧煮，汉人菜多羹汤，童而习之[2]，故擅长也。汉请满人，满请汉人，各用所长之菜，转觉入口新鲜，不失邯郸故步。今人忘其本分，而要格外讨好。汉请满人用满菜，满请汉人用汉菜，反致依样葫芦，有名无实，画虎不成反类犬矣。秀才下场[3]，专作自己文字，务极其工[4]，自有遇合[5]。若逢一宗师而摹仿之，逢一主考而摹仿之，则掇皮[6]无真，终身不中矣。

【注释】

①满洲：清代满族自称。

②童而习之：自幼就学习。

③下场：进考场。

④务极其工：做得极其精细用心。

⑤遇合：赏识。

⑥掇（duō）皮：学习表面皮毛。掇，掇拾，拾取。

叁

戒单

为政者兴一利，不如除一弊，能除饮食之弊则思过半[1]矣。作《戒单》。

【注释】

①思过半：领悟了大部分。语出《周易·系辞下》："知者观其彖辞，则思过半矣。"

戒外加油[1]

俗厨制菜，动熬猪油一锅，临上菜时，勺取而分浇之，以为肥腻。甚至燕窝至清之物，亦复受此玷污。而俗人不知，长吞大嚼，以为得油水入腹。故知前生是饿鬼投来。

【注释】

①外加油：意指不合适地多加油。外，另外。

戒同锅熟

同锅熟之弊，已载前"变换须知"一条中。

戒耳餐

何谓耳餐？耳餐者，务名之谓也。贪贵物之名，夸敬客之意，是以耳餐，非口餐也。不知豆腐得味，远胜燕窝。海菜不佳，不如蔬笋。余尝谓鸡、猪、鱼、鸭豪杰之士也，各有本味，自成一家。海参、燕窝庸陋之人也，全无性情，寄人篱下。尝见某太守宴客，大碗如缸，白煮燕窝四两，丝毫无味，人争夸之。余笑曰："我辈来吃燕窝，非来贩燕窝也。"可贩不可吃，虽多奚为[1]？若徒夸体面，不如碗中竟放明珠百粒，则价值万金矣。其如吃不得何？

【注释】

①虽多奚为：即使多又有什么用呢？

戒目食

何谓目食？目食者，贪多之谓也。今人慕“食前方丈”[①]之名，多盘叠碗，是以目食，非口食也。不知名手写字，多则必有败笔；名人作诗，烦则必有累句。极名厨之心力，一日之中，所作好菜不过四五味耳，尚难拿准，况拉杂横陈乎？就使帮助多人，亦各有意见，全无纪律，愈多愈坏。余尝过一商家，上菜三撤席，点心十六道，共算食品将至四十余种。主人自觉欣欣得意，而我散席还家，仍煮粥充饥。可想见其席之丰而不洁矣。南朝孔琳之[②]曰：“今人好用多品，适口之外，皆为悦目之资。”余以为肴馔横陈，熏蒸腥秽，口亦无可悦也。

【注释】

①食前方丈：吃饭时，面前一丈见方的地方摆满了食物，形容菜品丰盛。

②孔琳之：字彦琳，南朝文学家、书法家，会稽山阴（今浙江绍兴）人。

戒穿凿

物有本性，不可穿凿为之。自成小巧，即如燕窝佳矣，何必捶以为团？海参可矣，何必熬之为酱？西瓜被切，略迟不鲜，竟有制以为糕者。苹果太熟，上口不脆，竟有蒸之以为脯[①]者。他如《尊生八笺》[②]之秋藤饼[③]，李笠翁之玉兰糕[④]，都是矫揉造作，以杞柳为杯棬[⑤]，全失大方。譬如庸德庸行，做到家便是圣人，何必索隐行怪[⑥]乎？

【注释】

①脯：蜜渍干果肉。

②《尊生八笺》：明朝高濂著，我国古代养生学专著。

③秋藤饼：以藤花制成的饼。

④玉兰糕：一种上海糕点，由糯米制成，以红豆、芝麻等为馅儿。

⑤以杞柳为杯棬（quān）：出自《孟子·告子》：“性犹杞柳也，义犹桮棬也，以人性为仁义，犹以杞柳为桮棬。” 意为用杞柳枝条来编织杯盘，需要改变杞柳

的本性才可以织成。比喻物件失去其原有的本性。

⑥索隐行怪：意为身居隐逸的地方，行为怪异，以求名声。

戒停顿

物味取鲜，全在起锅时极锋而试[①]，略为停顿，便如霉过衣裳，虽锦绣绮罗，亦晦闷而旧气可憎矣。尝见性急主人，每摆菜必一齐搬出。于是厨人将一席之菜，都放蒸笼中，候主人催取，通行齐上。此中尚得有佳味哉？在善烹饪者，一盘一碗，费尽心思；在吃者，卤莽暴戾，囫囵[②]吞下，真所谓得哀家梨[③]，仍复蒸食者矣。余到粤东，食杨兰坡明府[④]鳝羹而美，访其故，曰："不过现杀现烹、现熟现吃，不停顿而已。"他物皆可类推。

【注释】

①极锋而试：趁刀剑锋利的时候用它，比喻趁有利的时机行动。

②囫囵（húlún）：完整，整个。

③哀家梨：传说汉朝秣陵人哀仲所种之梨，实大而味美，入口消释，当时的人称之为"哀家梨"。

④杨兰坡明府：杨兰坡，即杨国霖，时任粤东知府，善诗文。明府，汉朝时尊称太守为"明府君"，清朝知府称"明府"。

戒暴殄[①]

暴者不恤人功，殄者不惜物力。鸡、鱼、鹅、鸭自首至尾，俱有味存，不必少取多弃也。尝见烹甲鱼者，专取其裙[②]而不知味在肉中；蒸鲥鱼者，专取其肚而不知鲜在背上。至贱莫如腌蛋，其佳处虽在黄不在白，然全去其白而专取其黄，则食者亦觉索然矣。且予为此言，并非俗人惜福之谓，假使暴殄而有益于饮食，犹之可也。暴殄而反累于饮食，又何苦为之？至于烈炭以炙活鹅之掌，剸[③]刀以取生鸡之肝，皆君子所不为也。何也？物为人用，使之死可也，使之求死不得不可也。

【注释】

①暴殄（tiǎn）：随意糟蹋、浪费。

②裙：裙边，此处指甲鱼甲壳周边的肉，其肉质软糯，是甲鱼最好吃的部位之一。

③剸（tuán），割。

戒纵酒

事之是非，惟醒人能知之；味之美恶，亦惟醒人能知之。伊尹[①]曰："味之精微，口不能言也。"口且不能言，岂有呼呶[②]酗酒之人，能知味者乎？往往见拇战[③]之徒，啖[④]佳菜如啖木屑，心不存焉。所谓惟酒是务，焉知其余，而治味之道扫地矣。万不得已，先于正席尝菜之味，后于撤席逞酒之能，庶乎[⑤]其两可也。

【注释】

①伊尹：商汤时期著名政治家、将领，以厨艺知名于世，被后世尊为"中华厨祖"。

②呼呶（náo）：大声喧哗。

③拇战：猜拳。

④啖：吃。

⑤庶乎：差不多。

戒火锅

冬日宴客，惯用火锅，对客喧腾，已属可厌；且各菜之味，有一定火候，宜文宜武，宜撤宜添，瞬息难差。今一例以火逼之，其味尚可问哉？近人用烧酒代炭，以为得计，而不知物经多滚总能变味。或问：菜冷奈何？曰：以起锅滚热之菜，不使客登时食尽，而尚能留之以至于冷，则其味之恶劣可知矣。

戒强让

治具宴客，礼也。然一肴既上，理宜凭客举箸，精肥整碎，各有所好，听从客便，方是道理，何必强让之？常见主人以箸[①]夹取，堆置客前，污盘没碗，令人生厌。须知客非无手无目之人，又非儿童、新妇，怕羞忍饿，何必以村妪小家子之见解待之？其慢客也至矣！近日倡家[②]，尤多此种恶习，以箸取菜，硬入人口，有类强奸，殊为可恶。长安有甚好请客，而菜不佳者，一客问曰："我与君算相好乎？"主人曰："相好！"客跽[3]而请曰："果然相好，我有所求，必允许而后起。"主人惊问："何求？"曰："此后君家宴客，求免见招[4]。"合坐为之大笑。

【注释】

①箸：筷子。

②倡家：歌伎。

③跽（jì）：挺直上身，两膝着地。

④求免见招：请下次宴客别再邀请（我）了。

戒走油[1]

凡鱼、肉、鸡、鸭虽极肥之物，总要使其油在肉中，不落汤中，其味方存而不散。若肉中之油，半落汤中，则汤中之味反在肉外矣。推原其病有三：一误于火太猛，滚急水干，重番[2]加水；一误于火势忽停，既断复续；一病在于太要相度[3]，屡起锅盖，则油必走。

【注释】

①走油：油脂流失。

②重番：反复。

③太要相度：太急于观察估计。

戒落套

唐诗最佳，而五言八韵之试帖，名家不选，何也？以其落套故也。诗尚如此，食亦宜然。今官场之菜，名号有十六碟、八簋[1]、四点心之称，有满汉席之称，有八小吃之称，有十大菜之称，种种俗名皆恶厨陋习。只可用之于新亲上门，上司入境，以此敷衍；配上椅披桌裙，插屏香案，三揖百拜方称。若家居欢宴，文酒开筵[2]，安可用此恶套哉？必须盘碗参差，整散杂进，方有名贵之气象。余家寿筵婚席，动至五六桌者，传唤外厨，亦不免落套。然训练之卒，范我驰驱者[3]，其味亦终竟不同。

【注释】

①簋（guǐ）：古代盛食物的器皿，圆口，双耳，也用作礼器。

②文酒开筵：专门为赋诗饮酒筹备的宴席，尤清一代盛行。

③范我驰驱者：出自《孟子·滕文公下》：“吾为之范我驰驱，终日不获一；为之诡遇，一朝而获十。”意为我按照规范驾驶马车。此处意为按我的规范行事的人。

戒混浊

混浊者，并非浓厚之谓。同一汤也，望去非黑非白，如缸中搅浑之水。同一卤也，食之不清不腻，如染缸倒出之浆。此种色味令人难耐。救之之法，总在洗净本身，善加作料，伺察水火，体验酸咸，不使食者舌上有隔皮隔膜之嫌。庾子山[①]论文云：“索索无真气，昏昏有俗心[②]。”是即混浊之谓也。

【注释】

①庾子山：庾信，字子山，小字兰成，南阳新野（今河南新野）人。南北朝时北周诗人，骠骑大将军，擅长作宫体诗，文风绮丽，有《庾子山集》传世。

②索索无真气，昏昏有俗心：出自庾信的诗《拟咏怀》，此处表示混沌的状态。

戒苟且

凡事不宜苟且，而于饮食尤甚。厨者，皆小人下材，一日不加赏罚，则一日必生怠玩。火齐[①]未到而姑且下咽，则明日之菜必更加生。真味已失而含忍不言，则下次之羹必加草率。且又不止空赏空罚而已也。其佳者，必指示其所以能佳之由；其劣者，必寻求其所以致劣之故。咸淡必适其中，不可丝毫加减，久暂必得其当，不可任意登盘[②]。厨者偷安，吃者随便，皆饮食之大弊。审问慎思明辨，为学之方也；随时指点，教学相长，作师之道也。于是味何独不然？

【注释】

①火齐：火候。

②久暂必得其当，不可任意登盘：火候时间必须得当，不能随意把菜放入盘中。

肆

海鲜单

古八珍[①]并无海鲜之说，今世俗尚之，不得不吾从众。作《海鲜单》。

【注释】

①古八珍：指八种珍贵的食物。《周礼·天官·膳夫》所记载的八珍，即淳熬、淳母、炮豚、炮牂（zāng）、捣珍、渍、熬和肝膋（liáo）。淳熬，将肉酱煎熬熟，浇在米饭上，再拌上炼好的动物油。肉酱、油脂的味道渗入米饭之中，一口多味，不需要另以菜肴佐食。淳母，与淳熬的制作方法一样，而原料是黍米。炮豚，将一头小猪杀死后，掏去内脏，以枣填满其腹腔，用芦苇把小猪缠裹起来，再涂一层带草的泥，将其放在猛火中烧，这种方法古时候称作“炮”。炮毕，剥去泥，将手洗净，揉搓掉烧制时猪体表面形成的皱皮，然后将稻米粉调制成糊状，涂遍小猪的全身，再投入盛有动物油的小鼎（动物油必须没过猪身），将小鼎放入盛水的大锅中。用火烧熬三天三夜后，将小猪取出，用肉酱、醋等调和而食。炮牂，炮牂的烹制方法与炮豚完全一样，而原料是小母羊。捣珍，原料为牛、羊、鹿、獐等动物的里脊肉，将其反复捶打，除去肉中的筋腱，烹熟之后取出揉成肉泥而食。渍，选用刚刚宰杀的新鲜牛肉，切成薄片，放在美酒里浸泡一整夜，然后调上肉酱、梅酱、醋等调料而食。熬，是将牛肉或鹿肉、獐肉等进行捶打，除去皮膜，摊在苇荻篾上，再撒上姜、桂和盐，以小火慢慢烘干而成，类似于现代的肉脯。肝膋，取狗肝一副，用狗肠脂肪蒙起来，配以适当的汁液放在火上烤炙，使脂肪渗入肝内。然后以米粉糊润泽，另取狼的脂肪切碎，与大米合制成稠粥，一起食用。

燕窝

燕窝贵物，原不轻用。如用之，每碗必须二两，先用天泉滚水泡之，将银针挑去黑丝。用嫩鸡汤、好火腿汤、新蘑菇三样汤滚之，看燕窝变成玉色为度。此物至清，不可以油腻杂之；此物至文[①]，不可以武物串之[②]。今人用肉丝、鸡丝杂之，是吃鸡丝、肉丝，非吃燕窝也。且徒务其名，往往以三钱生燕窝盖碗面，如白发数茎，使客一撩不见[3]，空剩粗物满碗。真乞儿卖富，反露贫相。不得已则蘑菇丝、笋尖丝、鲫鱼肚、野鸡嫩片尚可用也。余到粤东，杨明府冬瓜燕窝甚佳，以柔配柔，以清入清，重用鸡汁、蘑菇汁而已。燕窝皆作玉色，不纯白也。或打作团，或敲成面，俱属穿凿。

【注释】

①文：柔嫩。

②以武物串之：用质地粗硬的食材混杂串味。

③一撩不见：用筷子一挑就不见踪影。

海参三法

海参无味之物，沙多气腥，最难讨好。然天性浓重，断不可以清汤煨也。须检小刺参，先泡去沙泥，用肉汤滚泡[1]三次，然后以鸡、肉两汁红煨极烂。辅佐则用香蕈[2]、木耳，以其色黑相似也。大抵明日请客，则先一日要煨，海参才烂。尝见钱观察[3]家，夏日用芥末、鸡汁拌冷海参丝甚佳。或切小碎丁，用笋丁、香蕈丁入鸡汤煨作羹。蒋侍郎家用豆腐皮、鸡腿、蘑菇煨海参亦佳。

【注释】

①滚泡：用开水浸泡。

②香蕈（xùn）：香菇。

③观察：清朝官员之间代称道员为观察。

鱼翅二法

鱼翅难烂，须煮两日，才能摧刚为柔。用有二法：一用好火腿、好鸡汤，如鲜笋、冰糖钱许煨烂，此一法也；一纯用鸡汤串细萝卜丝，拆碎鳞翅搀和其中，飘浮碗面，令食者不能辨其为萝卜丝、为鱼翅，此又一法也。用火腿者，汤宜少；用萝卜丝者，汤宜多。总以融洽柔腻为佳。若海参触鼻，鱼翅跳盘[1]，便成笑话。吴道士家做鱼翅，不用下鳞[2]，单用上半原根，亦有风味。萝卜丝须出水二次，其臭才去。尝在郭耕礼[3]家吃鱼翅炒菜，妙绝！惜未传其方法。

【注释】

①海参触鼻，鱼翅跳盘：海参会因为过硬而触及鼻尖；鱼翅发直，用筷子夹时滑落至盘外。

②下鳞：鱼翅的下半部。

③郭耕礼：陕西泾阳人，举人，曾任睢宁（今江苏睢宁）县丞。

鳆鱼[1]

鳆鱼炒薄片甚佳，杨中丞家削片入鸡汤豆腐中，号称“鳆鱼豆腐”；上加陈糟油[2]浇之。庄太守用大块鳆鱼煨整鸭，亦别有风趣。但其性坚，终不能齿决。火煨三日，才拆得碎。

【注释】

①鳆（fù）鱼：鲍鱼。

②糟油：以酒糟为主要原料的特制调味品。

淡菜[1]

淡菜煨肉加汤，颇鲜，取肉去心，酒炒亦可。

【注释】

①淡菜：由贻贝的肉煮熟加工而成的干品。

海蝘[1]

海蝘，宁波小鱼也，味同虾米，以之蒸蛋甚佳。作小菜亦可。

【注释】

①海蝘（yǎn）：一种小鱼，产于浙江一带，味似虾米。

乌鱼蛋[1]

乌鱼蛋最鲜，最难服事[2]。须河水滚透，撒沙去臊，再加鸡汤、蘑菇煨烂。龚云若司马[3]家制之最精。

【注释】

①乌鱼蛋：由墨鱼的缠卵腺加工而成的干货，气味清香。

②服事：处理，调制。

③龚云若司马：袁枚的学生。袁枚在《随园诗话》中有言：“余宰江宁时，所赏识诸生秦涧泉、龚云若、涂长卿，俱登科第。”司马，一种军官职位。

江瑶柱[1]

江瑶柱出宁波，治法与蚶、蛏[2]同。其鲜脆在柱，故剖壳时多弃少取。

【注释】

①江瑶柱：干贝，可用于制作汤品、粥品和菜品。

②蛏（chēng）：蛏子，海产贝类，软体动物，有介壳两扇，形状狭而长，外面呈蛋黄色，里面呈白色，生活在近岸的海水里，也可由人工养殖，肉味鲜美。

蛎黄[1]

蛎黄生石子上。壳与石子胶粘不分。剥肉作羹，与蚶、蛤相似。一名鬼眼。乐清[2]、奉化[3]两县土产，别地所无。

【注释】

①蛎黄：牡蛎肉。牡蛎，生蚝。

②乐清：今浙江乐清，清代隶属温州。

③奉化：今浙江奉化，清代隶属宁波。

伍

江鲜单

郭璞[1]《江赋》鱼族甚繁。今择其常有者治之。作《江鲜单》。

【注释】

①郭璞：字景纯，河东郡闻喜县（今山西闻喜）人，两晋时期的文学家、训诂学家。

刀鱼二法

刀鱼用蜜酒酿[1]、清酱放盘中，如鲥鱼法蒸之最佳。不必加水。如嫌刺多，则将极快刀刮取鱼片，用钳抽去其刺。用火腿汤、鸡汤、笋汤煨之，鲜妙绝伦。金陵人畏其多刺，竟油炙极枯，然后煎之。谚曰："驼背夹直，其人不活[2]。"此之谓也。或用快刀将鱼背斜切之，使碎骨尽断，再下锅煎黄，加作料，临食时竟不知有骨：芜湖陶大太[3]法也。

【注释】

①蜜酒酿：米酒，甜酒。

②驼背夹直，其人不活：把驼背之人的背脊夹直，这个人也活不了了。

③陶大太：乾隆年间芜湖名厨，创制烹刀鱼之法。

鲥鱼

鲥鱼用蜜酒蒸食，如治刀鱼之法便佳。或竟[1]用油煎，加清酱、酒酿亦佳。万不可切成碎块加鸡汤煮，或去其背，专取肚皮，则真味全失矣。

【注释】

①竟：直接。

鲟鱼

尹文端公[1]，自夸治鲟鳇[2]最佳。然煨之太熟，颇嫌重浊。惟在苏州唐氏，吃炒鳇鱼片甚佳。其法切片油炮[3]，加酒、秋油滚三十次，下水再滚起锅，加作料，重用瓜姜[4]、葱花。又一法，将鱼白水煮十滚，去大骨，肉切小方块，取明骨[5]切小方块；鸡汤去沫，先煨明骨八分熟，下酒、秋油，再下鱼肉，煨二分烂起锅，加葱、椒、韭，重用姜汁一大杯。

【注释】

①尹文端公：清代官吏尹继善，字元长，号望山，谥号文端，著有《尹文端公诗集》。

②鲟鳇：分布于黑龙江、乌苏里江和松花江下游、嫩江等水域，是白垩纪时期保存下来的古生物，素有“水中活化石”之称。

③油炮：油爆。

④瓜姜：酱黄瓜和酱姜。

⑤明骨：鲟鳇鱼的头骨，色白质软。

黄鱼

黄鱼切小块，酱酒郁[1]一个时辰[2]。沥干。入锅爆炒两面黄，加金华豆豉一茶杯，甜酒一碗，秋油一小杯，同滚。候卤干色红，加糖，加瓜姜收起，有沉浸浓郁之妙。又一法，将黄鱼拆碎入鸡汤作羹，微用甜酱水、纤粉收起之，亦佳。大抵黄鱼亦系浓厚之物，不可以清治之也。

【注释】

①郁：密封浸泡。

②时辰：古代计时单位。一日有十二个时辰，一个时辰合现代两小时。

班鱼[1]

班鱼最嫩，剥皮去秽，分肝肉二种，以鸡汤煨之，下酒三分、水二分、秋油一分；起锅时加姜汁一大碗，葱数茎，杀去腥气。

【注释】

①班鱼．形似河豚，背青色，有苍黑色斑纹。刺少肉多，味道鲜美。

假蟹[1]

煮黄鱼二条，取肉去骨，加生盐蛋四个，调碎，不拌入鱼肉；起油锅炮，下鸡汤滚，将盐蛋搅匀，加香蕈、葱、姜汁、酒，吃时酌用醋。

【注释】

①假蟹：这里指用烹制螃蟹的方法烹制黄鱼。本菜在卷二有复刻过程展示。

陆

特牲单

猪用最多，可称“广大教主”①。宜古人有特豚②馈食之礼。作《特牲单》。

【注释】

①广大教主：此处指以猪肉为原料的菜品数量多，为各种菜的首领。

②特豚：古代祭祀时用的整猪。

猪头二法

洗净五斤重者，用甜酒三斤；七八斤者，用甜酒五斤。先将猪头下锅同酒煮，下葱三十根、八角三钱，煮二百余滚；下秋油一大杯、糖一两，候熟后尝咸淡，再将秋油加减；添开水要漫过猪头一寸，上压重物，大火烧一炷香；退出大火，用文火细煨，收干以腻为度；烂后即开锅盖，迟则走油。一法打木桶一个，中用铜帘隔开，将猪头洗净，加作料闷①入桶中，用文火隔汤蒸之，猪头熟烂，而其腻垢悉从桶外流出亦妙。

【注释】

①闷：通“焖”，盖紧锅盖，用微火把饭菜焖熟。

猪蹄四法

蹄膀①一只，不用爪，白水煮烂，去汤，好酒一斤，清酱酒杯半，陈皮一钱，红枣四五个，煨烂。起锅时，用葱、椒、酒泼入，去陈皮、红枣，此一法也。又一法：先用虾米煎汤代水，加酒、秋油煨之。又一法：用蹄膀一只，先煮熟，用素油灼皱其皮，再加作料红煨。有士人好先掇食其皮，号称“揭单被”。又一法：用蹄膀一个，两钵合之，加酒，加秋油，隔水蒸之，以二枝香②为度，号“神仙肉”。钱观察家制最精。

【注释】

①蹄膀：作为食品的猪腿的最上部，今作“蹄髈”。

②二枝香：古人以燃香为计时方法，二枝香约为现在的一个小时。

猪爪[1]猪筋

专取猪爪，剔去大骨，用鸡肉汤清煨之。筋味与爪相同，可以搭配；有好腿爪，亦可搀入。

【注释】

①猪爪：去掉蹄髈的猪蹄，前蹄肉多，后蹄筋多。

猪肚二法

将肚洗净，取极厚处，去上下皮，单用中心，切骰子块，滚油炮炒[1]，加作料起锅，以极脆为佳。此北人法也。南人白水加酒，煨两枝香，以极烂为度，蘸清盐[2]食之，亦可；或加鸡汤作料，煨烂熏切，亦佳。

【注释】

①炮炒：爆炒，急火快速翻炒。

②清盐：经过提纯的干净精盐。

猪肺二法

洗肺最难，以冽[1]尽肺管血水，剔去包衣为第一着。敲之仆[2]之，挂之倒之，抽管割膜，工夫最细。用酒水滚一日一夜。肺缩小如一片白芙蓉，浮于汤面，再加作料。上口如泥。汤西厓少宰[3]宴客，每碗四片，已用四肺矣。近人无此工夫，只得将肺拆碎，入鸡汤煨烂亦佳。得野鸡汤更妙，以清配清故也。用好火腿煨亦可。

【注释】

①冽：通“沥”，沥干。

②仆：通“扑”，敲打。

③汤西厓少宰：汤右曾，字西厓，康熙年间进士。著有《怀清堂集》。少宰：官名。明清时期别称吏部侍郎为少宰。

猪腰

腰片炒枯则木，炒嫩则令人生疑[①]；不如煨烂，蘸椒盐食之为佳。或加作料亦可。只宜手摘，不宜刀切。但须一日工夫，才得如泥耳。此物只宜独用，断不可搀入别菜中，最能夺味而惹腥。煨三刻[②]则老，煨一日则嫩。

【注释】

①令人生疑：指让人疑心没熟。

②三刻：古代一天为一百刻，三刻约等于今天的四十五分钟。

猪里肉[①]

猪里肉精而且嫩。人多不食。尝在扬州谢蕴山太守[②]席上，食而甘之[③]。云以里肉切片，用纤粉团成小把，入虾汤中，加香簟、紫菜清煨，一熟便起。

【注释】

①猪里肉：猪里脊肉。

②扬州谢蕴山太守：谢启昆，字良壁，号蕴山，扬州知府，清朝方志学家。

③甘之：觉得美味。

白片肉

须自养之猪，宰后入锅，煮到八分熟，泡在汤中，一个时辰取起。将猪身上行动之处[①]，薄片上桌。不冷不热，以温为度。此是北人擅长之菜。南人效之，终不能佳。且零星市脯，亦难用也。寒士请客，宁用燕窝，不用白片肉，以非多不可故也。割法须用小快刀片之，以肥瘦相参，横斜碎杂为佳，与圣人“割不正不食”一语，截然相反。其猪身，肉之名目甚多。满洲“跳神肉”[②]最妙。

【注释】

①猪身上行动之处：猪经常活动的部位，一般是猪的前后腿。

②跳神肉：满族的一种祭祀食物，白水煮的猪肉，祭祀后分食。

红煨肉三法

或用甜酱，或用秋油，或竟不用秋油、甜酱。每肉一斤，用盐三钱，纯酒煨之；亦有用水者，但须熬干水气。三种治法皆红如琥珀，不可加糖炒色。早起锅则黄，当可则红，过迟则红色变紫，而精肉转硬。常起锅盖，则油走而味都在油中矣。大抵割肉虽方，以烂到不见锋棱，上口而精肉俱化为妙。全以火候为主。谚云："紧火粥，慢火肉[①]。"至哉言乎！

【注释】

①紧火粥，慢火肉：意为熬粥要用快火；炖肉要用慢火，火快了很难将肉炖烂。

白煨肉

每肉一斤，用白水煮八分好，起出去汤；用酒半斤，盐二钱半，煨一个时辰。用原汤一半加入，滚干汤腻为度，再加葱、椒、木耳、韭菜之类。火先武后文。又一法：每肉一斤，用糖一钱，酒半斤，水一斤，清酱半茶杯；先放酒滚肉一、二十次，加茴香一钱，加水闷烂，亦佳。

油灼肉

用硬短勒切方块，去筋襻[①]，酒酱郁过，入滚油中炮炙[②]之，使肥者不腻，精者肉松。将起锅时，加葱、蒜，微加醋喷之。

【注释】

①筋襻（pàn）：瘦肉上或贴骨的白色肌肉组织。

②炮炙：用油煎炸。

干锅蒸肉

用小磁钵，将肉切方块，加甜酒、秋油，装入钵内封口，放锅内，下用文火干蒸之。以两枝香为度，不用水。秋油与酒之多寡，相肉而行，以盖满肉面为度。

盖碗装肉

放手炉[①]上。法与前同。

【注释】

①手炉：冬天暖手的小铜炉，火温，用来慢慢蒸煮肉食。

磁坛装肉

放砻糠[①]中慢煨。法与前同。总须[②]封口。

【注释】

①砻（lóng）糠：稻谷经过砻磨脱下的壳。砻，磨谷去壳的工具。

②总须：必须。

脱沙肉

去皮切碎，每一斤用鸡子[①]三个，青黄俱用，调和拌肉；再斩碎，入秋油半酒杯，葱末拌匀，用网油[②]一张裹之；外再用菜油四两，煎两面，起出去油；用好酒一茶杯，清酱半酒杯，闷透，提起切片；肉之面上，加韭菜、香蕈、笋丁。

【注释】

①鸡子：鸡蛋。

②网油：猪的肠系膜，大网膜堆积的脂肪，在猪的腹部成网状的油脂，在制作菜肴时经常被当配料用到。

晒干肉

切薄片精肉，晒烈日中，以干为度。用陈大头菜[①]，夹片干炒。

【注释】

①陈大头菜：陈年的大头菜。大头菜，为芥菜的变种，肉质根肥大，根主要供腌制食用。

火腿煨肉

火腿切方块，冷水滚三次，去汤沥干；将肉切方块，冷水滚二次，去汤沥干；放清水煨，加酒四两，葱、椒、笋、香蕈。

台鲞煨肉

法与火腿煨肉同。鲞易烂，须先煨肉至八分，再加鲞；凉之则号“鲞冻”。绍兴人菜也。鲞不佳者，不必用。

粉蒸肉

用精肥参半之肉，炒米粉黄色，拌面酱蒸之，下用白菜作垫，熟时不但肉美，菜亦美。以不见水，故味独全。江西人菜也。

熏煨肉

先用秋油、酒将肉煨好，带汁上木屑，略熏之，不可太久，使干湿参半，香嫩异常。吴小谷广文[①]家制之精极。

【注释】

①吴小谷广文：吴玉墀，号小谷，杭州人，曾任浙中校官。广文，儒学教官职位。

芙蓉肉

精肉一斤，切片，清酱拖过，风干一个时辰。用大虾肉四十个，猪油二两，切骰子大，将虾肉放在猪肉上。一只虾，一块肉，敲扁，将滚水煮熟撩起。熬菜油半斤，将肉片放在有眼铜勺内，将滚油灌熟[①]。再用秋油半酒杯，酒一杯，鸡汤一茶杯，熬滚，浇肉片上，加蒸粉、葱、椒糁[②]上起锅。

【注释】

①灌熟：把烧熟的油浇在肉上，使肉熟透。

②糁（sǎn）：洒。

荔枝肉

用肉切大骨牌片，放白水煮二三十滚，撩起，熬菜油半斤，将肉放入炮透[1]，撩起，用冷水一激[2]，肉皱，撩起；放入锅内，用酒半斤，清酱一小杯，水半斤，煮烂。

【注释】

①炮透：炸透。

②激：这里指是熟肉遇冷收缩。

八宝肉

用肉一斤，精肥各半，白煮一二十滚，切柳叶片。小淡菜二两，鹰爪[1]二两，香蕈一两，花海蜇[2]二两，胡桃肉四个去皮，笋片四两，好火腿二两，麻油一两。将肉入锅，秋油、酒煨至五分熟，再加余物，海蜇下在最后。

【注释】

①鹰爪：鹰爪茶，茶的嫩芽形如鹰爪。

②花海蜇：海蜇头。

菜花头煨肉

用台心菜嫩蕊微腌，晒干用之。

炒肉丝

切细丝，去筋襻、皮、骨，用清酱、酒郁片时，用菜油熬起白烟变青烟后，下肉炒匀，不停手，加蒸粉，醋一滴，糖一撮，葱白、韭蒜之类；只炒半斤，大火，不用水。又一法：用油泡后，用酱水，加酒略煨，起锅红色，加韭菜尤香。

炒肉片

将肉精肥各半切成薄片，清酱拌之。入锅油炒，闻响即加酱、水、葱、瓜、冬笋、韭芽，起锅火要猛烈。

八宝肉圆

猪肉精、肥各半，斩成细酱，用松仁、香蕈、笋尖、荸荠、瓜姜之类斩成细酱，加纤粉和捏成团，放入盘中，加甜酒、秋油蒸之。入口松脆。家致华[1]云："肉圆宜切不宜斩[2]。"必别有所见。

【注释】

①家致华：袁致华，袁枚的侄儿，故称"家致华"。

②肉圆宜切不宜斩：做肉圆的馅儿应当切而不应当斩。

空心肉圆

将肉捶碎郁过，用冻猪油一小团作馅子，放在团内蒸之，则油流去，而团子空心矣。此法镇江人最善。

锅烧肉

煮熟不去皮，放麻油灼过，切块加盐，或蘸清酱亦可。

酱肉

先微腌，用面酱[1]酱之，或单用秋油拌郁[2]，风干。

【注释】

①面酱：又称甜酱，是以面粉为主要原料，经制曲和保温发酵制成的一种酱状调味品，其味甜中带咸。

②郁：密封腌制。

糟肉

先微腌，再加米糟。

暴腌肉

微盐擦揉，三日内即用。以上三味，皆冬月菜也。春夏不宜。

尹文端公家风肉

杀猪一口，斩成八块，每块炒盐四钱，细细揉擦，使之无微不到。然后高挂有风无日处。偶有虫蚀，以香油涂之。夏日取用，先放水中泡一宵，再煮，水亦不可太多太少，以盖肉面为度。削片时，用快刀横切，不可顺肉丝而斩也。此物惟尹府至精，常以进贡。今徐州风肉不及，亦不知何故。

家乡肉

杭州家乡肉，好丑不同。有上、中、下三等。大概淡而能鲜，精肉可横咬者为上品。放久即是好火腿。

笋煨火肉[①]

冬笋切方块，火肉切方块，同煨。火腿撤去盐水两遍，再入冰糖煨烂。席武山别驾[②]云：凡火肉煮好后，若留作次日吃者，须留原汤，待次日将火肉投入汤中滚热才好。若干放离汤，则风燥而肉枯；用白水则又味淡。

【注释】

①火肉：火腿肉。

②席武山别驾：席武山，湖南人，苏州副使。别驾，副官官职。

烧小猪

小猪一个，六七斤重者，钳毛去秽，叉上炭火炙之。要四面齐到，以深黄色为度。皮上慢慢以奶酥油涂之，屡涂屡炙。食时酥为上，脆次之，硬斯下矣。旗人有单用酒、秋油蒸者，亦佳。吾家龙文弟[①]，颇得其法。

【注释】

①吾家龙文弟：指袁枚的族内兄弟袁龙文。

烧猪肉

凡烧猪肉，须耐性。先炙里面肉，使油膏走入皮内，则皮松脆而味不走。若先炙皮，则肉上之油尽落火上，皮既焦硬，味亦不佳。烧小猪亦然。

排骨

取勒条排骨精肥各半者，抽去当中直骨，以葱代之，炙用醋、酱频频刷上，不可太枯。

罗簑肉

以作鸡松[1]法作之。存盖面之皮。将皮下精肉斩成碎团，加作料烹熟。聂厨能之。

【注释】

①鸡松：鸡肉松，将鸡肉除水制成的食品。

端州[1]三种肉

一罗簑肉。一锅烧白肉，不加作料，以芝麻、盐拌之。切片煨好，以清酱拌之。三种俱宜于家常。端州聂、李二厨所作。特令杨二[2]学之。

【注释】

①端州：今广东肇庆。

②杨二：袁枚家的厨师。

杨公圆

杨明府作肉圆，大如茶杯，细腻绝伦。汤尤鲜洁，入口如酥。大概去筋去节，斩之极细，肥瘦各半，用纤合匀。

黄芽菜煨火腿

用好火腿削下外皮，去油存肉。先用鸡汤将皮煨酥，再将肉煨酥，放黄芽菜心，连根切段，约二寸许长；加蜜、酒酿及水，连煨半日。上口甘鲜，肉菜俱化，而菜根及菜心丝毫不散。汤亦美极。朝天宫[1]道士法也。

【注释】

①朝天宫：位于南京市，现为南京市博物馆。

蜜火腿[①]

取好火腿，连皮切大方块，用蜜酒煨极烂，最佳。但火腿好丑、高低，判若天渊。虽出金华、兰溪、义乌三处，而有名无实者多。其不佳者，反不如腌肉矣。惟杭州忠清里王三房家，四钱一斤者佳。余在尹文端公苏州公馆吃过一次，其香隔户便至，甘鲜异常。此后不能再遇此尤物矣。

【注释】

①蜜火腿：口感甜而不腻，本菜在卷二有复刻过程展示。

柒

杂牲单

牛、羊、鹿三牲，非南人家常时有之之物。然制法不可不知。作《杂牲单》。

牛肉

买牛肉法，先下各铺定钱[1]，凑取[2]腿筋夹肉处，不精不肥。然后带回家中，剔去皮膜，用三分酒、二分水清煨，极烂；再加秋油收汤。此太牢[3]独味孤行者也，不可加别物配搭。

【注释】

①定钱：定金。

②凑取：凑到一定数量再提取。

③太牢：古代帝王祭祀社稷时，牛、羊、猪三牲全备为“太牢”，此处意为牛肉。

牛舌

牛舌最佳。去皮、撕膜、切片，入肉中同煨。亦有冬腌风干者，隔年食之，极似好火腿。

羊头

羊头毛要去净；如去不净，用火烧之。洗净切开，煮烂去骨。其口内老皮俱要去净。将眼睛切成二块，去黑皮，眼珠不用，切成碎丁。取老肥母鸡汤煮之，加香蕈、笋丁，甜酒四两，秋油一杯。如吃辣，用小胡椒十二颗、葱花十二段；如吃酸，用好米醋一杯。

羊蹄

煨羊蹄照煨猪蹄法，分红、白二色。大抵用清酱者红，用盐者白。山药配之宜。

羊羹

取熟羊肉斩小块，如骰子大。鸡汤煨，加笋丁、香蕈丁、山药丁同煨。

羊肚羹[①]

将羊肚洗净，煮烂切丝，用本汤煨之。加胡椒、醋俱可。北人炒法，南人不能如其脆。钱玙沙方伯[②]家锅烧羊肉极佳，将求其法。

【注释】

①羊肚羹：本菜在卷二有复刻过程展示。

②钱玙沙方伯：钱玙沙，袁枚的杭州同学，与袁枚交好数十年，曾担任河南、江苏、四川、福建的地方官。方伯，明清称布政使为“方伯”。

红煨羊肉

与红煨猪肉同。加刺眼核桃[①]，放入去膻。亦古法也。

【注释】

①刺眼核桃：外壳上刺孔的核桃。

炒羊肉丝

与炒猪肉丝同。可以用纤，愈细愈佳。葱丝拌之。

烧羊肉

羊肉切大块，重五七斤者，铁叉火上烧之。味果甘脆，宜惹宋仁宗夜半之思[①]也。

【注释】

①宋仁宗夜半之思：出自《宋史·仁宗本纪》：“宫中夜饥，思膳烧羊。”意为美味的烧羊肉使宋仁宗半夜三更想吃而睡不着觉。

全羊

全羊法有七十二种；可吃者不过十八九种而已。此屠龙之技[①]，家厨难学。一盘一碗虽全是羊肉，而味各不同才好。

【注释】

①屠龙之技：杀龙的技术。语出《庄子·列御寇》，形容高超却不实用的技术。

鹿肉

鹿肉不可轻得。得而制之，其嫩鲜在獐[1]肉之上。烧食可，煨食亦可。

【注释】

①獐（zhāng）：哺乳动物，外形像鹿而较小，没有角。

鹿筋二法

鹿筋难烂。须三日前先捶煮之，绞出臊水数遍，加肉汁汤煨之，再用鸡汁汤煨；加秋油、酒，微纤收汤；不搀他物，便成白色，用盘盛之。如兼用火腿、冬笋、香蕈同煨，便成红色，不收汤，以碗盛之。白色者加花椒细末。

獐肉

制獐肉与制牛鹿同。可以作脯。不如鹿肉之活，而细腻过之。

果子狸[1]

果子狸，鲜者难得。其腌干者，用蜜酒酿，蒸熟，快刀切片上桌。先用米泔水[2]泡一日，去尽盐秽。较火腿觉嫩而肥。

【注释】

①果子狸：又名花面狸，灵猫科动物。我国现已禁止食用果子狸等野生动物。

②米泔水：淘米水。

假牛乳[1]

用鸡蛋清拌蜜酒酿，打掇入化[2]，上锅蒸之。以嫩腻为主。火候迟便老，蛋清太多亦老。

【注释】

①假牛乳：指蒸鸡蛋清羹，像牛乳一般洁白。

②打掇入化：搅拌混合。

鹿尾

尹文端公品味，以鹿尾为第一。然南方人不能常得。从北京来者，又苦不鲜新。余尝得极大者，用菜叶包而蒸之，味果不同。其最佳处在尾上一道浆[1]耳。

【注释】

①一道浆：指鹿尾上端堆积的脂肪。

捌

羽族单

鸡功最巨，诸菜赖之[①]。如善人积阴德而人不知。故令领羽族之首，而以他禽附之。作《羽族单》。

【注释】

①鸡功最巨，诸菜赖之：鸡的做法最多，许多菜都离不开鸡。

白片鸡

肥鸡白片，自是太羹[①]、玄酒[②]之味。尤宜于下乡村、入旅店，烹饪不及之时，最为省便。煮时水不可多。

【注释】

①太羹：古代祭祀时所用的肉汁。

②玄酒：指水。上古无酒，祭祀用水，以水代酒。水本无色，古人习以为是黑色，故称“玄酒”，后引申为薄酒。

鸡松[①]

肥鸡一只，用两腿，去筋骨剁碎，不可伤皮。用鸡蛋清、粉纤、松子肉，同剁成块。如腿不敷用[②]，添脯子肉[③]，切成方块，用香油灼黄，起放钵头内，加百花酒[④]半斤、秋油一大杯、鸡油一铁勺，加冬笋、香蕈、姜葱等。将所余鸡骨皮盖面，加水一大碗，下蒸笼蒸透，临吃去之。

【注释】

①鸡松：本菜在卷二有复刻过程展示，用鹅肉代替鸡肉。

②不敷用：不够用。

③脯子肉：鸡胸脯肉。

④百花酒：江苏镇江的传统名酒，属于黄酒类，具有酸、甜、苦、辣之味，用糯米、细麦曲和近百种野花酿制而成。

生炮[1]鸡

小雏鸡斩小方块，秋油、酒拌，临吃时拿起，放滚油内灼之，起锅又灼，连灼三回，盛起，用醋、酒、粉纤、葱花喷之。

【注释】

①生炮：将生肉放入滚油中炸。

鸡粥

肥母鸡一只，用刀将两脯肉去皮细刮，或用刨刀亦可；只可刮刨，不可斩，斩之便不腻矣。再用余鸡熬汤下之。吃时加细米粉、火腿屑、松子肉，共敲碎放汤内。起锅时放葱姜，浇鸡油，或去渣，或存渣，俱可。宜于老人。大概斩碎者去渣，刮刨者不去渣。

焦鸡

肥母鸡洗净，整下锅煮。用猪油四两、茴香四个，煮成八分熟，再拿香油灼黄，还下原汤熬浓，用秋油、酒、整葱收起。临上片碎，并将原卤浇之，或拌蘸亦可。此杨中丞[1]家法也。方辅[2]兄家亦好。

【注释】

①杨中丞：杨潮观，与袁枚是多年好友。

②方辅：字密庵，安徽歙县人，诗人。

捶鸡

将整鸡捶碎，秋油、酒煮之。南京高南昌太守[1]家制之最精。

【注释】

①南京高南昌太守：南京知府高南昌，江西南昌人，曾是袁枚的上司。

炒鸡片

用鸡脯肉去皮，斩成薄片。用豆粉、麻油、秋油拌之，纤粉调之，鸡蛋清拌。临下锅加酱、瓜、姜、葱花末。须用极旺之火炒。一盘不过四两，火气才透。

蒸小鸡

用小嫩鸡雏，整放盘中，上加秋油、甜酒、香蕈、笋尖，饭锅上蒸之。

酱鸡

生鸡一只，用清酱浸一昼夜而风干之。此三冬菜[①]也。

【注释】

①三冬菜：深冬时节的应季菜。

鸡丁

取鸡脯子切骰子小块，入滚油炮炒之，用秋油、酒收起，加荸荠丁、笋丁、香蕈丁拌之，汤以黑色为佳。

鸡圆

斩鸡脯子肉为圆，如酒杯大，鲜嫩如虾团。扬州臧八太爷家制之最精。法用猪油、萝卜、纤粉揉成，不可放馅。

蘑菇煨鸡

口蘑菇[①]四两，开水泡去砂，用冷水漂，牙刷擦，再用清水漂四次，用菜油二两炮透，加酒喷。将鸡斩块放锅内，滚去沫，下甜酒、清酱，煨八分功程[②]，下蘑菇，再煨二分功程，加笋、葱、椒起锅，不用水，加冰糖三钱。

【注释】

①口蘑菇：口蘑，生长在蒙古草原上的一种白色伞菌属野生蘑菇，一般生长在有羊骨或羊粪的地方，味道异常鲜美。

②功程：指程度。

梨炒鸡

取雏鸡胸肉切片，先用猪油三两熬熟，炒三四次，加麻油一瓢，纤粉、盐花、姜汁、花椒末各一茶匙，再加雪梨薄片，香蕈小块，炒三四次起锅，盛五寸盘。

假[1]野鸡卷

将脯子斩碎，用鸡子一个，调清酱郁之，将网油画碎，分包小包，油里炮透，再加清酱、酒作料，香蕈、木耳起锅，加糖一撮。

【注释】

①假：非正式的。

黄芽菜炒鸡

将鸡切块，起油锅生炒透，酒滚二三十次，加秋油后滚二三十次，下水滚，将菜切块，俟[1]鸡有七分熟，将菜下锅；再滚三分，加糖、葱、大料[2]。其菜要另滚熟搀用。每一只用油四两。

【注释】

①俟：等到。

②大料：指八角。

栗子炒鸡

鸡斩块，用菜油二两炮，加酒一饭碗，秋油一小杯，水一饭碗，煨七分熟；先将栗子煮熟，同笋下之，再煨三分起锅，下糖一撮。

灼八块

嫩鸡一只，斩八块，滚油炮透，去油，加清酱一杯、酒半斤，煨熟便起，不用水，用武火。

珍珠团

熟鸡脯子，切黄豆大块，清酱、酒拌匀，用干面滚满，入锅炒。炒用素油。

黄芪蒸鸡治瘵[1]

取童鸡未曾生蛋者杀之，不见水，取出肚脏，塞黄芪一两，架箸放锅内蒸之，四面封口，熟时取出。卤浓而鲜，可疗弱症。

【注释】

①瘵（zhài）：疾病，多指肺痨。

卤鸡

囫囵鸡[1]一只，肚内塞葱三十条，茴香二钱，用酒一斤，秋油一小杯半，先滚一枝香，加水一斤，脂油二两，一齐同煨；待鸡熟，取出脂油。水要用熟水，收浓卤一饭碗，才取起；或拆碎，或薄刀片之，仍以原卤拌食。

【注释】

①囫囵鸡：整鸡。

蒋鸡

童子鸡一只，用盐四钱、酱油一匙、老酒半茶杯、姜三大片，放砂锅内，隔水蒸烂，去骨，不用水：蒋御史[1]家法也。

【注释】

①蒋御史：蒋和宁，阳湖（今江苏常州）人，曾任湖广道监察御史，袁枚的诗友。

唐鸡

鸡一只，或二斤，或三斤，如用二斤者，用酒一饭碗，水三饭碗；用三斤者，酌添。先将鸡切块，用菜油二两，候滚熟，爆鸡要透。先用酒滚一二十滚，再下水约二三百滚，用秋油一酒杯，起锅时加白糖一钱：唐静涵[1]家法也。

【注释】

①唐静涵：江苏苏州人，盐商富户，袁枚的挚友。袁枚曾为其作悼亡诗《哭唐静涵十二首》。

鸡肝

用酒、醋喷炒[1]，以嫩为贵。

【注释】

①喷炒：爆炒。

鸡血

取鸡血为条，加鸡汤、酱、醋、纤粉作羹，宜于老人。

鸡丝

拆鸡为丝，秋油、芥末、醋拌之。此杭州菜也。加笋加芹俱可。用笋丝、秋油、酒炒之亦可。拌者用熟鸡，炒者用生鸡。

糟鸡

糟鸡，与糟肉同。

鸡肾

取鸡肾三十个，煮微熟，去皮，用鸡汤加作料煨之。鲜嫩绝伦。

鸡蛋

鸡蛋去壳放碗中，将竹箸打一千回蒸之，绝嫩。凡蛋一煮而老，一千煮而反嫩。加茶叶煮者，以两炷香为度。蛋一百，用盐一两；五十，用盐五钱。加酱煨亦可。其他则或煎或炒俱可。斩碎黄雀蒸之，亦佳。

野鸡五法

野鸡披[1]胸肉，清酱郁过，以网油包放铁奁[2]上烧之。作方片可，作卷子亦可。

此一法也。切片加作料炒，一法也。取胸肉作丁，一法也。当家鸡整煨，一法也。先用油灼，拆丝加酒、秋油、醋，同芹菜冷拌，一法也。生片其肉，入火锅中，登时便吃，亦一法也。其弊在肉嫩则味不入，味入则肉又老。

【注释】

①披：指切片。

②奁（lián）：匣子、盒子等盛物器具。

赤炖肉鸡

赤炖肉鸡，洗切净，每一斤用好酒十二两、盐二钱五分、冰糖四钱，研酌加桂皮①，同入砂锅中，文炭火煨之。倘酒将干，鸡肉尚未烂，每斤酌加清开水一茶杯。

【注释】

①桂皮：樟科樟属植物，是天竺桂、阴香、细叶香桂或川桂等树皮的通称，为食品香料或烹饪调料。

蘑菇煨鸡

鸡肉一斤，甜酒一斤，盐三钱，冰糖四钱，蘑菇用新鲜不霉者，文火煨两枝线香①为度。不可用水，先煨鸡八分熟，再下蘑菇。

【注释】

①线香：无竹芯的香，也叫直条香、草香，由骨料、香末等材料组成，细长如线，早在宋明时期就已经出现。线香燃烧时间比较长，古时候常见寺庙以线香长度作为时间计量单位。

鸽子

鸽子加好火腿同煨，甚佳。不用火腿，亦可。

鸽蛋

煨鸽蛋法与煨鸡肾同。或煎食亦可，加微醋亦可。

野鸭

野鸭切厚片，秋油郁过，用两片雪梨夹住炮炒之。苏州包道台[①]家制法最精，今失传矣。用蒸家鸭法蒸之亦可。

【注释】

①道台：道员，清代正四品官职。

蒸鸭

生肥鸭去骨，内用糯米一酒杯，火腿丁、大头菜丁、香蕈、笋丁、秋油、酒、小磨麻油、葱花，俱灌鸭肚内，外用鸡汤放盘中，隔水蒸透：此真定[①]魏太守家法也。

【注释】

①真定：今河北正定。

鸭糊涂

用肥鸭白煮八分熟，冷定去骨，拆成天然不方不圆之块，下原汤内煨，加盐三钱、酒半斤、捶碎山药同下锅作纤，临煨烂时，再加姜末、香蕈、葱花。如要浓汤，加放粉纤。以芋代山药亦妙。

卤鸭

不用水用酒，煮鸭去骨，加作料食之：高要[①]令杨公家法也。

【注释】

①高要：地名，今属广东。

鸭脯

用肥鸭斩大方块，用酒半斤、秋油一杯、笋、香蕈、葱花闷之，收卤起锅。

烧鸭

用雏鸭上叉烧之。冯观察家厨最精。

挂卤鸭

塞葱鸭腹，盖闷而烧。水西门[①]许店最精。家中不能作。有黄、黑二色，黄者更妙。

【注释】

①水西门：南京明城墙城门之一，地处南京城秦淮河的出城口。

干蒸鸭

杭州商人何星举家干蒸鸭。将肥鸭一只，洗净斩八块，加甜酒、秋油，淹满鸭面，放磁罐中封好，置干锅中蒸之；用文炭火，不用水，临上时，其精肉皆烂如泥。以线香二枝为度。

野鸭团

细斩野鸭胸前肉，加猪油微纤，调揉成团，入鸡汤滚之。或用本鸭汤亦佳。太兴孔亲家制之甚精。

徐鸭

顶大鲜鸭一只，用百花酒十二两，青盐[①]一两二钱、滚水一汤碗，冲化去渣沫，再兑冷水七饭碗，鲜姜四厚片，约重一两，同入大瓦盖钵内，将皮纸[②]封固口，用大火笼烧透大炭吉[③]三元（约二文一个）；外用套包一个，将火笼罩定，不可令其走气。约早点时炖起，至晚方好。速则恐其不透，味便不佳矣。其炭吉烧透后，不宜更换瓦钵，亦不宜预先开看。鸭破开时，将清水洗后，用洁净无浆布拭干入钵。

【注释】

①青盐：从盐湖中直接采出的盐和以盐湖卤水为原料在盐田中晒制而成的盐。

②皮纸：用桑皮、山桠皮等韧皮纤维为原料制成的纸，纸质柔韧。

③炭吉：古代的一种高级木炭，燃烧时无烟。

煨麻雀

取麻雀五十只，以清酱、甜酒煨之，熟后去爪脚，单取雀胸、头肉，连汤放盘中，甘鲜异常。其他鸟鹊俱可类推。但鲜者一时难得。薛生白[1]常劝人勿食人间豢养之物，以野禽味鲜，且易消化。

【注释】

①薛生白：薛雪，一代名医，著有《一瓢斋诗存》《一瓢诗话》《周易粹义》等。

煨鷯鶉、黄雀

鷯鶉用六合[1]来者最佳。有现成制好者。黄雀用苏州糟，加蜜酒煨烂，下作料，与煨麻雀同。苏州沈观察煨黄雀并骨如泥，不知作何制法。炒鱼片亦精。其厨馔之精，合吴门[2]推为第一。

【注释】

①六合：今江苏南京六合区。

②吴门：指苏州。

云林鹅[1]

《倪云林集》[2]中载制鹅法。整鹅一只，洗净后用盐三钱擦其腹内，塞葱一帚[3]填实其中，外将蜜拌酒通身满涂之，锅中一大碗酒、一大碗水蒸之，用竹箸架之，不使鹅身近水。灶内用山茅二束，缓缓烧尽为度。俟锅盖冷后揭开锅盖，将鹅翻身，仍将锅盖封好蒸之，再用茅柴一束烧尽为度；柴俟其自尽，不可挑拨。锅盖用绵纸[4]糊封，逼燥裂缝，以水润之。起锅时，不但鹅烂如泥，汤亦鲜美。以此法制鸭，味美亦同。每茅柴一束，重一斤八两。擦盐时，串入葱、椒末子，以酒和匀。《云林集》中，载食品甚多；只此一法，试之颇效，余俱附会。

【注释】

①云林鹅：江苏省无锡市的一道传统名菜，本菜在卷二有复刻过程展示。

②《倪云林集》：元代文学家、书画家倪瓒著有《云林堂饮食制度集》，是反映元代无锡地方饮食风格的烹饪专著。

③一帚：一小把。

④绵纸：用树木的韧皮纤维制的纸，色白，柔软而有韧性，纤维细长如绵，所以叫绵纸，多用作皮衣衬垫、鞭炮捻子等。

烧鹅

杭州烧鹅，为人所笑，以其生也。不如家厨自烧为妙。

玖

水族有鳞单

鱼皆去鳞，惟鲥鱼不去。我道有鳞而鱼形始全。作《水族有鳞单》。

边鱼

边鱼[①]活者，加酒、秋油蒸之。玉色为度[②]。一作呆白色，则肉老而味变矣。并须盖好，不可受锅盖上之水气。临起加香蕈、笋尖。或用酒煎亦佳；用酒不用水，号“假鲥鱼”。

【注释】

①边鱼：鳊鱼，其肉质嫩滑鲜美。

②玉色为度：以蒸成白玉色为标准。

鲫鱼

鲫鱼先要善买。择其扁身而带白色者，其肉嫩而松；熟后一提，肉即卸骨而下。黑脊浑身者，崛强槎枒[①]，鱼中之喇子[②]也，断不可食。照边鱼蒸法，最佳。其次煎吃亦妙。拆肉下可以作羹。通州[③]人能煨之，骨尾俱酥，号“酥鱼”，利小儿食。然总不如蒸食之得真味也。六合龙池出者，愈大愈嫩，亦奇。蒸时用酒不用水，稍稍用糖以起其鲜。以鱼之小大，酌量秋油、酒之多寡。

【注释】

①崛强槎枒：指鱼刺多而杂乱。

②喇子：街头混混，流氓。

③通州：今江苏南通。

白鱼[①]

白鱼肉最细。用糟鲥鱼同蒸之，最佳。或冬日微腌，加酒酿糟二日，亦佳。

余在江中得网起活者，用酒蒸食，美不可言。糟之最佳；不可太久，久则肉木矣。

【注释】

①白鱼：我国特有鱼种，主要分布于江苏省高邮市、云南的西北部和四川邛海。

季鱼

季鱼少骨，炒片最佳。炒者以片薄为贵。用秋油细郁后，用纤粉、蛋清搂[①]之，入油锅炒，加作料炒之。油用素油。

【注释】

①搂：调和，拌和。

土步鱼[①]

杭州以土步鱼为上品。而金陵人贱之，目为[②]虎头蛇，可发一笑。肉最松嫩。煎之，煮之，蒸之俱可。加腌芥作汤，作羹，尤鲜。

【注释】

①土步鱼：又名沙鳢，肉白如银，较之豆腐，有其嫩而远胜其鲜，杭州西湖盛产此物。本菜在卷二有复刻过程展示。

②目为：视作、视为。

鱼松

用青鱼、鲩鱼蒸熟，将肉拆下，放油锅中灼之，黄色，加盐花、葱、椒、瓜、姜。冬日封瓶中，可以一月。

鱼圆

用白鱼、青鱼活者，剖半钉板上，用刀刮下肉，留刺在板上；将肉斩化，用豆粉、猪油拌，将手搅之；放微微盐水，不用清酱，加葱、姜汁作团，成后，放滚水中煮熟撩起，冷水养之，临吃入鸡汤、紫菜滚。

鱼片

取青鱼、季鱼片，秋油郁之，加纤纷、蛋清，起油锅炮炒，用小盘盛起，加葱、椒、瓜、姜，极多不过六两，太多则火气不透。

连鱼[1]豆腐

用大连鱼煎熟，加豆腐，喷酱、水、葱、酒滚之，俟汤色半红起锅，其头味尤美。此杭州菜也。用酱多少，须相鱼而行。

【注释】

①连鱼：鲢鱼，鱼头味美。

醋搂鱼[1]

用活青鱼切大块，油灼之，加酱、醋、酒喷之，汤多为妙。俟熟即速起锅。此物杭州西湖上五柳居最有名。而今则酱臭而鱼败矣。甚矣！宋嫂鱼羹[2]，徒存虚名。《梦粱录》[3]不足信也。鱼不可大，大则味不入；不可小，小则刺多。

【注释】

①醋搂鱼：口味酸香，本菜在卷二有复刻过程展示。

②宋嫂鱼羹：《武林旧事》中记载的一道名菜。据载，南宋临安城（今浙江临安）宋五嫂烹制的鱼羹，深受宋高宗喜爱，驰名京城。

③《梦粱录》：南宋吴自牧所著，记载临安的市情风物。

银鱼[1]

银鱼起水时，名冰鲜。加鸡汤、火腿汤煨之。或炒食甚嫩。干者泡软，用酱水炒亦妙。

【注释】

①银鱼：又称银条鱼、面条鱼，可洗净鲜用或晒干备用。银鱼极富钙质，高蛋白、低脂肪，基本没有大刺，适宜小孩子食用。

台鲞

台鲞好丑不一。出台州松门[1]者为佳，肉软而鲜肥。生时拆之，便可当作小菜，不必煮食也；用鲜肉同煨，须肉烂时放鲞，否则鲞消化不见矣，冻之即为鲞冻：绍兴人法也。

【注释】

①台州松门：今浙江台州温岭市。

糟鲞

冬日用大鲤鱼，腌而干之，入酒糟，置坛中，封口。夏日食之。不可烧酒作泡[1]。用烧酒者，不无辣味。

【注释】

①泡：浸泡腌制。

虾子勒鲞[1]

夏日选白净带子勒鲞，放水中一日，泡去盐味，太阳晒干，入锅油煎一面黄取起，以一面未黄者铺上虾子，放盘中，加白糖蒸之，以一炷香为度。三伏日食之绝妙。

【注释】

①虾子勒鲞：虾子，虾蛋，以虾子的卵加工而成。勒鲞，鳓鱼干。

鱼脯

活青鱼去头尾，斩小方块，盐腌透，风干，入锅油煎；加作料收卤，再炒芝麻滚拌起锅：苏州法也。

家常煎鱼

家常煎鱼，须要耐性。将鲩鱼洗净，切块盐腌，压扁，入油中两面熯[1]黄，多加酒、秋油，文火慢慢滚之，然后收汤作卤，使作料之味全入鱼中。第[2]此法指鱼之不活者而言。如活者，又以速起锅为妙。

【注释】

①熯（hàn）：烧，煎。

②第：但是。

黄姑鱼[①]

岳州[②]出小鱼，长二三寸，晒干寄来。加酒剥皮，放饭锅上蒸而食之，味最鲜，号“黄姑鱼”。

【注释】

①黄姑鱼：外形似小黄鱼，味鲜美，油炸、清蒸、煮食皆宜。

②岳州：今湖南岳阳。

拾

水族无鳞单

鱼无鳞者，其腥加倍，须加意烹饪；以姜、桂胜之[①]。作《水族无鳞单》。

【注释】

①以姜、桂胜之：指用姜和桂压住鱼的腥味。

汤鳗

鳗鱼最忌出骨。因此物性本腥重，不可过于摆布，失其天真，犹鲥鱼之不可去鳞也。清煨者，以河鳗一条，洗去滑涎，斩寸为段，入磁罐中，用酒水煨烂，下秋油起锅，加冬腌新芥菜作汤，重用葱、姜之类，以杀其腥。常熟顾比部[①]家，用纤粉、山药干煨，亦妙。或加作料直置盘中蒸之，不用水。家致华分司[②]蒸鳗最佳。秋油、酒四六兑，务使汤浮于本身。起笼时，尤要恰好，迟则皮皱味失。

【注释】

①比部：官职名，清代称刑部司官。

②分司：官职名，管理盐务的官员。

红煨鳗

鳗鱼用酒、水煨烂，加甜酱代秋油，入锅收汤煨干，加茴香大料起锅。有三病宜戒者：一皮有皱纹，皮便不酥；一肉散碗中，箸夹不起；一早下盐豉，入口不化。扬州朱分司家制之最精。大抵红煨者以干为贵，使卤味收入鳗肉中。

炸鳗[①]

择鳗鱼大者，去首尾，寸断之。先用麻油炸熟，取起；另将鲜蒿菜嫩尖入锅中，仍用原油炒透，即以鳗鱼平铺菜上，加作料煨一炷香。蒿菜分量，较鱼减半。

【注释】

①炸鳗：肉质绵软，本菜在卷一有复刻过程展示。

生炒甲鱼

将甲鱼去骨，用麻油炮炒之，加秋油一杯、鸡汁一杯。此真定魏太守家法也。

酱炒甲鱼

将甲鱼煮半熟，去骨，起油锅炮炒，加酱水、葱、椒，收汤成卤，然后起锅。此杭州法也。

带骨甲鱼

要一个半斤重者，斩四块，加脂油[①]三两，起油锅煎两面黄，加水、秋油、酒煨；先武火，后文火，至八分熟加蒜，起锅用葱、姜、糖。甲鱼宜小不宜大。俗号“童子脚鱼”[②]才嫩。

【注释】

①脂油：块状猪油。

②童子脚鱼：小甲鱼。

青盐甲鱼

斩四块，起油锅炮透。每甲鱼一斤，用酒四两、大茴香三钱、盐一钱半，煨至半好，下脂油二两；切小豆块再煨，加蒜头、笋尖，起时用葱、椒，或用秋油，则不用盐。此苏州唐静涵家法。甲鱼大则老，小则腥，须买其中样者。

汤煨甲鱼

将甲鱼白煮，去骨拆碎，用鸡汤、秋油、酒煨汤二碗，收至一碗，起锅，用葱、椒、姜末糁之。吴竹屿[①]家制之最佳。微用纤，才得汤腻。

【注释】

①吴竹屿：画家，诗人，江苏苏州人。

全壳甲鱼

山东杨参将[1]家，制甲鱼去首尾，取肉及裙，加作料煨好，仍以原壳覆之。每宴客，一客之前以小盘献一甲鱼。见者悚然[2]，犹虑其动。惜未传其法。

【注释】

①参将：清代军官官职名。

②悚（sǒng）然：害怕的样子。

鳝丝羹

鳝鱼煮半熟，划丝去骨，加酒、秋油煨之，微用纤粉，用真金菜[1]、冬瓜、长葱为羹。南京厨者辄[2]制鳝为炭，殊不可解。

【注释】

①真金菜：黄花菜。

②辄：总是。

炒鳝

拆鳝丝炒之，略焦，如炒肉鸡之法，不可用水。

段鳝

切鳝以寸为段，照煨鳗法煨之，或先用油炙，使坚，再以冬瓜、鲜笋、香蕈作配，微用酱水，重用姜汁。

虾圆

虾圆照鱼圆法。鸡汤煨之，干炒亦可。大概捶虾时不宜过细，恐失真味。鱼圆亦然。或竟剥虾肉以紫菜拌之，亦佳。

虾饼

以虾捶烂，团而煎之，即为虾饼。

醉虾

带壳用酒炙黄，捞起，加清酱、米醋煨之，用碗闷之。临食放盘中，其壳俱酥。

炒虾

炒虾照炒鱼法，可用韭配。或加冬腌芥菜，则不可用韭矣。有捶扁其尾单炒者，亦觉新异。

蟹

蟹宜独食，不宜搭配他物。最好以淡盐汤煮熟，自剥自食为妙。蒸者味虽全，而失之太淡。

蟹羹

剥蟹为羹，即用原汤煨之，不加鸡汁，独用为妙。见俗厨从中加鸭舌，或鱼翅，或海参者，徒夺其味而惹其腥恶，劣极矣！

炒蟹粉

以现剥现炒之蟹为佳。过两个时辰，则肉干而味失。

剥壳蒸蟹

将蟹剥壳，取肉、取黄，仍置壳中，放五六只在生鸡蛋上蒸之。上桌时完然一蟹，惟去爪脚。比炒蟹粉觉有新色。杨兰坡明府，以南瓜肉拌蟹，颇奇。

蛤蜊

剥蛤蜊肉，加韭菜炒之佳。或为汤亦可。起迟便枯。

蚶

蚶有三吃法。用热水喷之，半熟去盖，加酒、秋油醉之；或用鸡汤滚熟，去盖入汤；或全去其盖，作羹亦可。但宜速起，迟则肉枯。蚶出奉化县，品在车螯[①]、蛤蜊之上。

【注释】

①车螯（áo）：蛤类，壳为紫色，有斑点，肉可食。

车螯

先将五花肉切片，用作料闷烂。将车螯洗净，麻油炒，仍将肉片连卤烹之。秋油要重些，方得有味。加豆腐亦可。车螯从扬州来，虑坏则取壳中肉，置猪油中，可以远行。有晒为干者，亦佳。入鸡汤烹之，味在蛏干之上。捶烂车螯作饼，如虾饼样，煎吃加作料亦佳。

程泽弓蛏干

程泽弓商人家制蛏干，用冷水泡一日，滚水煮两日，撤汤五次。一寸之干，发开有二寸，如鲜蛏一般，才入鸡汤煨之。扬州人学之，俱不能及。

鲜蛏

烹蛏法与车螯同。单炒亦可。何春巢[①]家蛏汤豆腐之妙，竟成绝品。

【注释】

①何春巢：何承燕，号春巢，浙江杭州人，隐士，著有《春巢诗余》。

水鸡[①]

水鸡去身用腿，先用油灼之，加秋油、甜酒、瓜、姜起锅。或拆肉炒之，味与鸡相似。

【注释】

①水鸡：可食用的青蛙。

熏蛋

将鸡蛋加作料煨好，微微熏干，切片放盘中，可以佐膳。

茶叶蛋

鸡蛋百个，用盐一两、粗茶叶煮两枝线香为度。如蛋五十个，只用五钱盐，照数加减。可作点心。

拾壹

杂素菜单

菜有荤素，犹衣有表里也。富贵之人嗜素甚于嗜荤。作《素菜单》。

蒋侍郎豆腐

豆腐两面去皮，每块切成十六片，晾干用猪油熬清烟起才下豆腐，略洒盐花一撮，翻身后，用好甜酒一茶杯，大虾米一百二十个；如无大虾米，用小虾米[①]三百个；先将虾米滚泡一个时辰，秋油一小杯，再滚一回，加糖一撮，再滚一回，用细葱半寸许长，一百二十段，缓缓起锅。

【注释】

①虾米：干虾仁。

杨中丞豆腐

用嫩豆腐煮去豆气，入鸡汤，同鳆鱼片滚数刻，加糟油、香蕈起锅。鸡汁须浓，鱼片要薄。

张恺[①]豆腐

将虾米捣碎，入豆腐中，起油锅，加作料干炒。

【注释】

①张恺：字东皋，袁枚的友人。袁枚曾作《为张东皋太夫人祝寿》一文。

庆元[①]豆腐

将豆豉一茶杯，水泡烂，入豆腐同炒起锅。

【注释】

①庆元：在今浙江丽水境内。

芙蓉豆腐

用腐脑[1]放井水泡三次，去豆气，入鸡汤中滚，起锅时加紫菜、虾肉。

【注释】

①腐脑：豆腐脑。

王太守[1]八宝豆腐

用嫩片切粉碎，加香蕈屑、蘑菇屑、松子仁屑、瓜子仁屑、鸡屑、火腿屑，同入浓鸡汁中，炒滚起锅。用腐脑亦可。用瓢不用箸。孟亭太守云："此圣祖[2]赐徐健庵尚书方也。尚书取方时，御膳房费一千两。"太守之祖楼村先生[3]为尚书门生，故得之。

【注释】

①王太守：王箴舆，字敬倚，号孟亭，扬州宝应人。

②圣祖：清圣祖康熙帝。

③楼村先生：王式丹，号楼村，王孟亭的祖父。

程立万[1]豆腐

乾隆廿三年，同金寿门[2]在扬州程立万家食煎豆腐，精绝无双。其腐两面黄干，无丝毫卤汁，微有车螯鲜味，然盘中并无车螯及他杂物也。次日告查宣门[3]，查曰："我能之！我当特请。"已而，同杭堇浦[4]同食于查家，则上箸大笑；乃纯是鸡雀脑为之，并非真豆腐，肥腻难耐矣。其费十倍于程，而味远不及也。惜其时余以妹丧急归，不及向程求方。程逾年亡。至今悔之。仍存其名，以俟再访。

【注释】

①程立万：扬州盐商富户。

②金寿门：金农，字寿门，号冬心先生，浙江杭州人，清代书画家，"扬州八怪"之首，著有《冬心先生集》等。

③查宣门：查开，字宣门，号香雨，浙江海宁人。

④杭堇浦：杭世骏，字大宗，号堇浦，浙江杭州人，在诗文和史学方面均有造诣，著有《史记考证》《三国志补注》等。

冻豆腐

将豆腐冻一夜，切方块，滚去豆味，加鸡汤汁、火腿汁、肉汁煨之。上桌时，撤去鸡火腿之类，单留香蕈、冬笋。豆腐煨久则松，面起蜂窝[①]，如冻腐矣。故炒腐宜嫩，煨者宜老。家致华分司，用蘑菇煮豆腐，虽夏月亦照冻腐之法，甚佳。切不可加荤汤，致失清味。

【注释】

①面起蜂窝：表面出现蜂窝状的小孔。

虾油豆腐

取陈虾油，代清酱炒豆腐。须两面熯黄。油锅要热，用猪油、葱、椒。

蓬蒿菜

取蒿尖用油灼瘪，放鸡汤中滚之，起时加松菌[①]百枚。

【注释】

①松菌：松茸，学名松口蘑，具有独特的浓郁香味，是世界上珍稀名贵的天然药用菌。

蕨菜

用蕨菜不可爱惜，须尽去其枝叶，单取直根，洗净煨烂，再用鸡肉汤煨。必买矮弱者才肥。

葛仙米[①]

将米细检淘净，煮半烂，用鸡汤、火腿汤煨。临上时，要只见米，不见鸡肉、火腿搀和才佳。此物陶方伯家制之最精。

【注释】

①葛仙米：指地耳。葛仙，即葛洪，字稚川，自号抱朴子，江苏句容人，道

家名师，名医。传说葛洪以地耳救太子，皇帝为地耳赐名葛仙米。

羊肚菜[1]

羊肚菜出湖北。食法与葛仙米同。

【注释】

①羊肚菜：羊肚菌，形状酷似羊肚。

石发[1]

制法与葛仙米同。夏日用麻油、醋、秋油拌之，亦佳。

【注释】

①石发：生于水边石上的苔藻。

珍珠菜[1]

制法与蕨菜同。上江新安[2]所出。

【注释】

①珍珠菜：菊科植物，叶片形状与野菊花的叶子相似，叶可以作为蔬菜食用，无毒。因花小色白如串串珍珠，故名珍珠菜。

②上江新安：新安江上游。

素烧鹅

煮烂山药，切寸为段，腐皮[1]包，入油煎之，加秋油、酒、糖、瓜、姜，以色红为度。

【注释】

①腐皮：豆腐皮。

韭

韭，荤物也。专取韭白[1]，加虾米炒之便佳。或用鲜虾亦可，蚬[2]亦可，肉亦可。

【注释】

①韭白：韭菜茎。

②蚬（xiǎn）：软体动物，介壳圆形或心脏形，生活在淡水中，肉味鲜美，我国南北方均产。

芹

芹，素物也，愈肥愈妙。取白根炒之，加笋，以熟为度。今人有以炒肉者，清浊不伦。不熟者，虽脆无味。或生拌野鸡，又当别论。

豆芽

豆芽柔脆，余颇爱之。炒须熟烂，作料之味，才能融洽。可配燕窝，以柔配柔，以白配白故也。然以极贱而陪极贵，人多嗤[1]之。不知惟巢、由[2]正可陪尧、舜耳。

【注释】

①嗤：讥笑。

②巢、由：巢父、许由，远古尧时的两位隐士。

茭白[1]

茭白炒肉、炒鸡俱可。切整段，酱醋炙之，尤佳。煨肉亦佳。须切片，以寸为度，初出太细者无味。

【注释】

①茭（jiāo）白：高笋。

青菜

青菜择嫩者，笋炒之。夏日芥末拌，加微醋，可以醒胃。加火腿片，可以作汤。亦须现拔者才软。

台菜

炒台菜心最懦[1]，剥去外皮，入蘑菇、新笋作汤。炒食加虾肉，亦佳。

【注释】

①懦：通“糯”，软糯。

白菜

白菜炒食，或笋煨亦可。火腿片煨、鸡汤煨俱可。

黄芽菜

此菜以北方来者为佳。或用醋搂，或加虾米煨之，一熟便吃，迟则色、味俱变。

瓢儿菜

炒瓢菜心，以干鲜无汤为贵。雪压后更软。王孟亭太守家制之最精。不加别物，宜用荤油。

菠菜

菠菜肥嫩，加酱水豆腐煮之。杭人名“金镶白玉板”是也。如此种菜虽瘦而肥，可不必再加笋尖、香蕈。

蘑菇

蘑菇不止作汤，炒食亦佳。但口蘑最易藏沙，更易受霉，须藏之得法，制之得宜。鸡腿蘑便易收拾，亦复讨好。

松菌

松菌加口蘑炒最佳。或单用秋油泡食，亦妙。惟不便久留耳，置各菜中，俱能助鲜。可入燕窝作底垫，以其嫩也。

面筋[①]二法

一法面筋入油锅炙枯，再用鸡汤、蘑菇清煨。一法不炙，用水泡，切条入浓鸡汁炒之，加冬笋、天花[②]。章淮树[③]观察家制之最精。上盘时宜毛撕[④]，不宜光切。加虾米泡汁，甜酱炒之，甚佳。

【注释】

①面筋：面粉加水拌和，洗去面团中所含的淀粉，剩下的混合蛋白质就是面筋。

②天花：天花菜，一种菌，为五台山特产。

③章淮树：章攀桂，字淮树，安徽桐城人，乾隆时期曾在甘肃任知县。

④毛撕：粗略地撕开。

茄二法

吴小谷广文家，将整茄子削皮，滚水泡去苦汁，猪油炙之。炙时须待泡水干后，用甜酱水干煨，甚佳。卢八太爷家，切茄作小块，不去皮，入油灼微黄，加秋油炮炒，亦佳。是二法者，俱学之而未尽其妙，惟蒸烂划开，用麻油、米醋拌，则夏间亦颇可食。或煨干作脯，置盘中。

苋羹

苋须细摘嫩尖，干炒，加虾米或虾仁，更佳。不可见汤。

芋羹

芋性柔腻，入荤入素俱可。或切碎作鸭羹，或煨肉，或同豆腐加酱水煨。徐兆璜明府家，选小芋子，入嫩鸡煨汤，妙极！惜其制法未传。大抵只用作料，不用水。

豆腐皮

将腐皮泡软，加秋油、醋、虾米拌之，宜于夏日。蒋侍郎家入海参用，颇妙。加紫菜、虾肉作汤，亦相宜。或用蘑菇、笋煨清汤，亦佳。以烂为度。芜湖敬修和尚，将腐皮卷筒切段，油中微炙，入蘑菇煨烂，极佳。不可加鸡汤。

扁豆

取现采扁豆，用肉，汤炒之，去肉存豆。单炒者油重为佳。以肥软为贵。毛糙而瘦薄者，瘠土所生，不可食。

瓠子、王瓜[①]

将鲩鱼切片先炒，加瓠子，同酱汁煨。王瓜亦然。

【注释】

①瓠（hù）子、王瓜：瓠子，又称瓠瓜，为葫芦科葫芦属一年生草本植物。瓠瓜幼果味清淡，品质柔嫩，适于煮食。王瓜，多年生攀缘草本植物，果实既可食用也可药用。

煨木耳、香蕈

扬州定慧庵僧，能将木耳煨二分厚，香蕈煨三分厚。先取蘑菇熬汁为卤。

冬瓜

冬瓜之用最多。拌燕窝、鱼肉、鳗、鳝、火腿皆可。扬州定慧庵所制尤佳。红如血珀，不用荤汤。

煨鲜菱

煨鲜菱，以鸡汤滚之。上时将汤撤去一半。池中现起者才鲜，浮水面者才嫩。加新栗、白果煨烂，尤佳。或用糖亦可。作点心亦可。

豇豆

豇豆炒肉，临上时，去肉存豆。以极嫩者，抽去其筋。

煨三笋

将天目笋[①]、冬笋、问政笋[②]，煨入鸡汤，号“三笋羹”。

【注释】

①天目笋：杭州天目山出产的笋。

②问政笋：安徽问政山出产的笋。

芋煨白菜

芋煨极烂，入白菜心，烹之，加酱水调和，家常菜之最佳者。惟白菜须新摘肥嫩者，色青则老，摘久则枯。

香珠豆①

毛豆至八九月间晚收者，最阔大而嫩，号“香珠豆”。煮熟以秋油、酒泡之。出壳可，带壳亦可，香软可爱。寻常之豆，不可食也。

马兰

马兰头菜①，摘取嫩者，醋合笋拌食。油腻后食之，可以醒脾。

【注释】

①马兰头菜：马兰，多年生草本植物，根状茎有匍枝，茎直立。其幼叶可以食用，被称为“马兰头”。

杨花菜

南京三月有杨花菜，柔脆与菠菜相似，名甚雅。

问政笋丝

问政笋，即杭州笋也。徽州人送者，多是淡笋干，只好泡烂切丝，用鸡肉汤煨用。龚司马取秋油煮笋，烘干上桌，徽人食之惊为异味。余笑其如梦之方醒也。

炒鸡腿蘑菇

芜湖大庵和尚，洗净鸡腿，蘑菇去沙，加秋油、酒炒熟，盛盘宴客，甚佳。

猪油煮萝卜

用熟猪油炒萝卜，加虾米煨之，以极熟为度。临起加葱花，色如琥珀。

拾贰

小菜单

小菜佐食，如府史胥徒佐六官也[1]。醒脾解浊，全在于斯。作《小菜单》。

【注释】

①府史胥徒佐六官也：府史胥徒，指地位低下的小吏。六官，指级别较高的官员。袁枚用此比喻小菜做主菜的配菜。

笋脯

笋脯出处最多，以家园所烘为第一。取鲜笋加盐煮熟，上篮烘之。须昼夜环看[1]，稍火不旺则溲矣。用清酱者，色微黑。春笋、冬笋皆可为之。

【注释】

①昼夜环看：白天黑夜都要注意查看。

天目笋

天目笋多在苏州发卖。其篓中盖面者最佳，下二寸便搀入老根硬节矣。须出重价，专买其盖面者数十条，如集狐成腋[1]之义。

【注释】

①集狐成腋：集腋成裘，把许多狐狸腋下的皮缝在一起就可做成一件皮袄。比喻聚少成多，积小为大。

玉兰片

以冬笋烘片，微加蜜焉。苏州孙春杨家有盐、甜二种，以盐者为佳。

素火腿

处州[1]笋脯，号“素火腿”，即处片也。久之太硬，不如买毛笋自烘之为妙。

【注释】

①处州：今浙江丽水。

宣城[1]笋脯

宣城笋尖，色黑而肥，与天目笋大同小异，极佳。

【注释】

①宣城：今安徽宣城。

人参笋

制细笋如人参形，微加蜜水[1]。扬州人重之，故价颇贵。

【注释】

①蜜水：指蜂蜜水。

笋油

笋十斤，蒸一日一夜，穿通其节，铺板上，如作豆腐法，上加一板压而榨之，使汁水流出，加炒盐一两，便是笋油。其笋晒干仍可作脯。天台僧制以送人。

糟油

糟油出太仓[1]州，愈陈愈佳。

【注释】

①太仓：今江苏太仓。

虾油

买虾子数斤，同秋油入锅熬之，起锅用布沥出秋油，乃将布包虾子，同放罐中盛油。

喇虎酱

秦椒[1]捣烂，和甜酱蒸之，可用虾米搀入。

【注释】

①秦椒：辣椒中的佳品，素有“椒中之王”的美称，具有颜色鲜红、辣味浓郁、体形纤长、肉厚等特点，含多种营养成分，主要产于关中八百里秦川。

熏鱼子[1]

熏鱼子色如琥珀，以油重为贵。出苏州孙春杨家，愈新愈妙，陈则味变而油枯。

【注释】

①鱼子：雌鱼体内未受精的卵子，一般经盐渍或熏制后食用。

腌冬菜[1]、黄芽菜

腌冬菜、黄芽菜，淡则味鲜，咸则味恶。然欲久放，则非盐不可。常腌一大坛，三伏时开之，上半截虽臭、烂，而下半截香美异常，色白如玉，甚矣！相士之不可但观皮毛也。

【注释】

①冬菜：大白菜。

莴苣

食莴苣有二法：新酱者，松脆可爱。或腌之为脯，切片食甚鲜。然必以淡为贵，咸则味恶矣。

香干菜

春芥心风干，取梗淡腌，晒干，加酒、加糖、加秋油，拌后再加蒸之，风干入瓶。

冬芥

冬芥名雪里红。一法整腌，以淡为佳；一法取心风干，斩碎，腌入瓶中，熟后杂鱼羹中，极鲜。或用醋煨，入锅中作辣菜亦可，煮鳗、煮鲫鱼最佳。

春芥

取芥心风干、斩碎，腌熟入瓶，号称“挪菜”。

芥头

芥根[1]切片，入菜同腌，食之甚脆。或整腌晒干作脯，食之尤妙。

【注释】

①芥根：芥菜头。

芝麻菜

腌芥晒干，斩之碎极，蒸而食之，号“芝麻菜”。老人所宜。

腐干丝

将好腐干切丝极细，以虾子、秋油拌之。

风瘪菜

将冬菜取心风干，腌后榨出卤，小瓶装之，泥封其口，倒放灰上。夏食之，其色黄，其臭[1]香。

【注释】

①臭：通“嗅”，气味。

糟菜

取腌过风瘪菜，以菜叶包之，每一小包，铺一面香糟，重叠放坛内。取食时，开包食之，糟不沾菜，而菜得糟味。

酸菜

冬菜心风干微腌，加糖、醋、芥末，带卤入罐中，微加秋油亦可。席间醉饱之余，食之醒脾解酒。

台菜心

取春日台菜心腌之，榨出其卤，装小瓶之中，夏日食之。风干其花，即名菜花头，可以烹肉。

大头菜

大头菜出南京承恩寺，愈陈愈佳。入荤菜中，最能发鲜。

萝卜

萝卜取肥大者，酱一二日即吃，甜脆可爱。有侯尼能制为鲞[1]，煎片如蝴蝶，长至丈许，连翩不断，亦一奇也。承恩寺有卖者，用醋为之，以陈为妙。

【注释】

①有侯尼能制为鲞：有一位侯姓尼姑能把萝卜做成干菜。

乳腐[1]

乳腐，以苏州温将军庙前者为佳，黑色而味鲜。有干湿二种，有虾子腐亦鲜，微嫌腥耳。广西白乳腐最佳。王库官家制亦妙。

【注释】

①乳腐：豆腐乳。

酱炒三果

核桃、杏仁去皮，榛子不必去皮。先用油炮脆，再下酱，不可太焦。酱之多少，亦须相物而行。

酱石花[1]

将石花洗净入酱中，临吃时再洗。一名麒麟菜。

【注释】

①石花：地衣，可用作中药。

石花糕

将石花熬烂作膏，仍用刀划开，色如蜜蜡。

小松菌

将清酱同松菌入锅滚熟，收起，加麻油入罐中。可食二日，久则味变。

吐蛈[1]

吐蛈出兴化[2]、泰兴。有生成极嫩者，用酒酿浸之，加糖则自吐其油，名为泥螺，以无泥为佳。

【注释】

①吐蛈（tiě）：软体动物，一般产于沿海滩涂，也可以人工养殖。

②兴化：今江苏泰州境内。

海蛰

用嫩海蛰，甜酒浸之，颇有风味。其光者名为白皮，作丝，酒醋同拌。

虾子鱼

子鱼出苏州。小鱼生而有子。生时烹食之，较美于鲞。

酱姜

生姜取嫩者微腌，先用粗酱套[1]之，再用细酱套之，凡三套而始成。古法用蝉退[2]一个入酱，则姜久而不老。

【注释】

①套：糊满。

②蝉退：蝉蜕。

酱瓜[1]

将瓜腌后，风干入酱，如酱姜之法。不难其甜，而难其脆。杭州施鲁箴[2]家制之最佳。据云：酱后晒干又酱，故皮薄而皱，上口脆。

【注释】

①酱瓜：酱黄瓜。

②施鲁箴：杭州富商。

新蚕豆

新蚕豆之嫩者，以腌芥菜炒之甚妙。随采随食方佳。

腌蛋

腌蛋以高邮[1]为佳，颜色红而油多。高文端公最喜食之。席间先夹取以敬客。放盘中，总宜切开带壳，黄白兼用；不可存黄去白，使味不全，油亦走散。

【注释】

①高邮：今江苏高邮。咸鸭蛋为高邮特产，久享盛誉，具有鲜、细、嫩、红、沙、油的特点。

混套

将鸡蛋外壳微敲一小洞，将清黄倒出，去黄用清，加浓鸡卤煨就者拌入，用箸打良久，使之融化，仍装入蛋壳中，上用纸封好，饭锅蒸熟，剥去外壳，仍浑然一鸡卵，此味极鲜。

茭瓜[1]脯

茭瓜入酱，取起风干，切片成脯，与笋脯相似。

【注释】

①茭瓜：茭白，又名高笋。

牛首[1]腐干

豆腐干以牛首僧制者为佳。但山下卖此物者有七家，惟晓堂和尚家所制方妙。

【注释】

①牛首：今南京牛首山。

酱王瓜[1]

王瓜初生时，择细者腌之入酱，脆而鲜。

【注释】

①王瓜：此处指黄瓜。

拾叁

点心单

梁昭明[1]以点心为小食，郑傪嫂劝叔“且点心”[2]，由来旧矣。作《点心单》。

【注释】

①梁昭明：萧统，南朝梁武帝之子，谥号昭明，文学家。他主持编纂了我国现存最早的诗文总集《文选》。

②郑傪嫂劝叔“且点心”：郑傪，唐代名臣。南宋吴曾编撰的《能改斋漫录》记载，郑傪的嫂子曾对他说“我未及餐，尔且可点心”，反映了唐宋时期已经用点心指代早餐小食。

鳗面

大鳗一条蒸烂，拆肉去骨，和入面中，入鸡汤清揉之，擀成面皮，小刀划成细条，入鸡汁、火腿汁、蘑菇汁滚。

温面

将细面下汤沥干，放碗中，用鸡肉、香蕈浓卤，临吃，各自取瓢加上。

鳝面

熬鳝成卤，加面再滚。此杭州法。

裙带面

以小刀截面成条，微宽，则号“裙带面”。大概作面，总以汤多为佳，在碗中望不见面为妙。宁使食毕再加，以便引人入胜。此法扬州盛行，恰甚有道理。

素面

先一日将蘑菇蓬[①]熬汁，定清[②]；次日将笋熬汁，加面滚上。此法扬州定慧庵僧人制之极精，不肯传人。然其大概亦可仿求。其纯黑色的或云暗用虾汁、蘑菇原汁，只宜澄去泥沙，不重换水；一换水，则原味薄矣。

【注释】

①蘑菇蓬：蘑菇去掉根部后余下的部分。

②定清：沉淀杂质。

蓑衣饼

干面用冷水调，不可多，揉擀薄后，卷拢再擀薄了，用猪油、白糖铺匀，再卷拢擀成薄饼，用猪油熯黄。如要盐的，用葱椒盐亦可。

虾饼

生虾肉，葱盐[①]、花椒、甜酒脚[②]少许，加水和面，香油灼透。

【注释】

①葱盐：用葱炒制过的盐。

②甜酒脚：剩在酒缸底部的甜酒渣。

薄饼

山东孔藩台[①]家制薄饼，薄若蝉翼，大若茶盘，柔腻绝伦。家人如其法为之，卒不能及，不知何故。秦人制小锡罐，装饼三十张。每客一罐。饼小如柑。罐有盖，可以贮。馅用炒肉丝，其细如发。葱亦如之。猪、羊并用，号曰“西饼”。

【注释】

①藩台：清朝官职，掌管财赋和行政。

松饼

南京莲花桥[1]，教门方店最精。

【注释】

①莲花桥：位于今南京市玄武区。

面老鼠

以热水和面，俟鸡汁滚时，以箸夹入，不分大小，加活菜心[1]，别有风味。

【注释】

①活菜心：指新鲜菜心。

颠不棱即肉饺也

糊面摊开，裹肉为馅蒸之。其讨好处全在作馅得法，不过肉嫩去筋作料而已。余到广东，吃官镇台颠不棱，甚佳。中用肉皮煨膏为馅，故觉软美。

肉馄饨

作馄饨，与饺同。

韭合[1]

韭菜切末拌肉，加作料，面皮包之，入油灼之。面内加酥[2]更妙。

【注释】

①韭合：韭菜合子。

②酥：酥油。

糖饼又名面衣

糖水溲面[1]，起油锅令热，用箸夹入；其作成饼形者，号“软锅饼”：杭州法也。

【注释】

①糖水溲（sōu）面：指用糖水和面。溲，浸泡。

烧饼[①]

用松子、胡桃仁敲碎，加糖屑、脂油和面炙之，以两面熯黄为度，而加芝麻。扣儿[②]会做，面罗至四五次[③]，则白如雪矣。须用两面锅，上下放火，得奶酥更佳。

【注释】

①烧饼：口味可咸可甜。本菜在卷二有复刻过程展示。

②扣儿：袁枚家的厨娘名。

③面罗至四五次：把面用罗筛四五次。

千层馒头

杨参戎[①]家制馒头，其白如雪，揭之如有千层。金陵人不能也。其法扬州得半，常州、无锡亦得其半。

【注释】

①参戎：参将，清朝官职。

面茶

熬粗茶汁，炒面兑入，加芝麻酱亦可，加牛乳亦可，微加一撮盐。无乳则加奶酥、奶皮亦可。

杏酪

捶杏仁作浆，挍去渣，拌米粉，加糖熬之。

粉衣

如作面衣[①]之法。加糖、加盐俱可，取其便也。

【注释】

①面衣：江苏常熟市的一种民间小吃，外形类似于大饼，由菜末和面糊混合煎成。

竹叶粽

取竹叶裹白糯米煮之。尖小如初生菱角。

萝卜汤圆

萝卜刨丝滚熟，去臭气，微干，加葱、酱拌之，放粉团中作馅，再用麻油灼之。汤滚亦可。春圃方伯[1]家制萝卜饼，扣儿学会，可照此法作韭菜饼、野鸡饼试之。

【注释】

①春圃方伯：即袁鉴，号春圃，袁枚的堂弟，历任道台、按察使、布政使等官职。

水粉[1]汤圆

用水粉和作汤圆，滑腻异常，中用松仁、核桃、猪油、糖作馅，或嫩肉去筋丝捶烂，加葱末、秋油作馅亦可。作水粉法，以糯米浸水中一日夜，带水磨之，用布盛接，布下加灰，以去其渣，取细粉晒干用。

【注释】

①水粉：水磨糯米粉。

脂油糕[1]

用纯糯粉拌脂油，放盘中蒸熟，加冰糖捶碎，入粉中蒸好，用刀切开。

【注释】

①脂油糕：又名猪油糕，属闽式糕点，是广东、福建、浙江等地的一种传统特色糕点。

雪花糕

蒸糯饭捣烂，用芝麻屑加糖为馅，打成一饼，再切方块。

软香糕[1]

软香糕，以苏州都林桥为第一。其次虎丘糕，西施家为第二。南京南门外报恩寺则第三矣。

【注释】

①软香糕：早年间老南京夏令传统风味糕类小吃，因做得松糯可口，又伴有薄荷凉味，吃起来软而香甜，故名“软香糕”。

百果糕

杭州北关外卖者最佳。以粉糯，多松仁、胡桃，而不放橙丁者为妙。其甜处非蜜非糖，可暂可久。家中不能得其法。

栗糕

煮栗极烂，以纯糯粉加糖为糕蒸之，上加瓜仁、松子。此重阳小食也。

青糕、青团

捣青草为汁，和粉作粉团，色如碧玉。

合欢饼

蒸糕为饭，以木印印之，如小珙璧[1]状，入铁架熯之，微用油，方不粘架。

【注释】

①珙璧：一种古代玉器，平圆形，中间有孔。

鸡豆糕

研碎鸡豆，用微粉为糕，放盘中蒸之。临食用小刀片开。

鸡豆粥

磨碎鸡豆为粥，鲜者最佳，陈者亦可。加山药、茯苓[1]尤妙。

【注释】

①茯苓：寄生在松树根上，形如甘薯，球状，外皮呈淡棕色或黑褐色，内部

为粉色或白色。

金团

杭州金团，凿木为桃、杏、元宝之状，和粉搦[①]成，入木印中便成。其馅不拘荤素。

【注释】

①搦（nuò）：来回按压、揉捏。

藕粉、百合粉

藕粉非自磨者，信之不真。百合粉亦然。

麻团

蒸糯米捣烂为团，用芝麻屑拌糖作馅。

芋粉团

磨芋粉晒干，和米粉用之。朝天宫道士制芋粉团，野鸡馅，极佳。

熟藕[①]

藕须贯米加糖自煮，并汤极佳。外卖者多用灰水[②]，味变，不可食也。余性爱食嫩藕，虽软熟而以齿决，故味在也。如老藕一煮成泥，便无味矣。

【注释】

①熟藕：浙江著名小吃，做法是选用粗细均匀、外形美观的鲜藕段，在藕孔里塞上糯米后下锅煮。煮熟后藕段呈暗红色，色泽漂亮，藕香诱人，口味香甜，老少皆宜。

②灰水：碱水。

新栗、新菱

新出之栗，烂煮之，有松子仁香。厨人不肯煨烂，故金陵人有终身不知其味者。

新菱亦然。金陵人待其老方食故也。

莲子

建莲[①]虽贵，不如湖莲[②]之易煮也。大概小熟抽心去皮，后下汤，用文火煨之，闷住合盖，不可开视，不可停火。如此两炷香，则莲子熟时，不生骨[③]矣。

【注释】

①建莲：福建建宁的莲子，莲子中的极品。

②湖莲：湖南洞庭湖的莲子。

③骨：难咬的硬块。

芋

十月天晴时，取芋子、芋头，晒之极干，放草中，勿使冻伤。春间煮食，有自然之甘。俗人不知。

萧美人[①]点心

仪真南门外，萧美人善制点心，凡馒头、糕、饺之类，小巧可爱，洁白如雪。

【注释】

①萧美人：清朝乾隆年间女点心师，以善制馒头、糕点、饺子等点心而闻名，其点心受到皇室的喜爱。

刘方伯月饼

用山东飞面[①]，作酥为皮，中用松仁、核桃仁、瓜子仁为细末，微加冰糖和猪油作馅，食之不觉甚甜，而香松柔腻，迥异寻常。

【注释】

①飞面：精面粉。

陶方伯十景点心

每至年节，陶方伯夫人手制点心十种，皆山东飞面所为。奇形诡状，五色纷披。食之皆甘，令人应接不暇。萨制军[①]云：“吃孔方伯薄饼，而天下之薄饼可废；吃陶方伯十景点心，而天下之点心可废。”自陶方伯亡，而此点心亦成《广陵散》[②]矣。呜呼！

【注释】

①制军：清代总督的别称。

②《广陵散》：琴曲名，魏晋名士嵇康善弹此曲，不肯传人，曾在刑场上弹奏。嵇康死后，此曲遂绝。

杨中丞西洋饼

用鸡蛋清和飞面作稠水，放碗中。打铜夹剪一把，头上作饼形，如蝶大，上下两面，铜合缝处不到一分。生烈火烘铜夹，撩稠水，一糊一夹一熯，顷刻成饼。白如雪，明如绵纸，微加冰糖、松仁屑子。

白云片

南殊[①]锅巴，薄如绵纸，以油炙之，微加白糖，上口极脆。金陵人制之最精，号“白云片”。

【注释】

①南殊：白米。

风枵[①]

以白粉[②]浸透，制小片入猪油灼之，起锅时加糖糁之，色白如霜，上口而化。杭人号曰“风枵”。

【注释】

①风枵（xiāo）：一种糯米锅巴。

②白粉：将大米粉和糯米粉掺在一起构成。

三层玉带糕

以纯糯粉作糕，分作三层；一层粉，一层猪油白糖，夹好蒸之，蒸熟切开，苏州人法也。

运司[①]糕

卢雅雨[②]作运司，年已老矣。扬州店中作糕献之，大加称赏。从此遂有“运司糕”之名。色白如雪，点胭脂，红如桃花。微糖作馅，淡而弥旨[③]。以运司衙门前店作为佳。他店粉粗色劣。

【注释】

①运司：清代官职名，都转盐运使司盐运使的简称。

②卢雅雨：卢见曾，字抱孙，号澹园，山东德州人，清代藏书家，曾资助《儒林外史》的作者吴敬梓。

③弥旨：更加美味。弥，更加。旨，美味。

沙糕

糯粉蒸糕，中夹芝麻、糖屑。

小馒头、小馄饨

作馒头如胡桃大，就蒸笼食之。每箸可夹一双。扬州物也。扬州发酵最佳。手捺之不盈半寸，放松仍隆然而高。小馄饨小如龙眼，用鸡汤下之。

雪蒸糕法

每磨细粉，用糯米二分，粳米八分为则，一拌粉，将粉置盘中，用凉水细细洒之，以捏则如团、撒则如砂为度。将粗麻筛筛出，其剩下块搓碎，仍于筛上尽出之，前后和匀，使干湿不偏枯，以巾覆之，勿令风干日燥，听用。水中酌加上洋糖则更有味，拌粉与市中枕儿糕法同。一锡圈及锡钱[①]，俱宜洗剔极净，临时略将香油和水，布蘸拭之。每一蒸后，必一洗一拭。一锡圈内，将锡钱置妥，先松装粉一小半，将果馅轻置当中，后将粉松装满圈，轻轻挡平[②]，套汤瓶上盖之，视盖口气直冲为度。取出覆之，先去圈，后去钱，饰以胭脂。两圈更递为用。一汤瓶宜洗净，置汤[3]分寸以及肩为度。然多滚则汤易涸，宜留心看视，备热水频添。

【注释】

①锡圈及锡钱：指蒸糕定型用的锡制模具。

②挡平：推平、抹平。

③置汤：指加水。

作酥饼法

冷定脂油一碗，开水一碗，先将油同水搅匀，入生面，尽揉要软，如擀饼一样，外用蒸熟面入脂油，合作一处，不要硬了。然后将生面做团子，如核桃大，将熟面亦作团子，略小一晕[1]，再将熟面团子包在生面团子中，擀成长饼，长可八寸，宽二三寸许，然后折叠如碗样，包上穰[2]子。

【注释】

①晕：圈。

②穰（ráng）：同“瓤”，即果肉。

天然饼

泾阳[1]张荷塘明府，家制天然饼，用上白飞面，加微糖及脂油为酥，随意搦成饼样，如碗大，不拘方圆，厚二分许。用洁净小鹅子石，衬而熯之，随其自为凹凸，色半黄便起，松美异常。或用盐亦可。

【注释】

①泾阳：今陕西泾阳一带。

花边月饼

明府家制花边月饼，不在山东刘方伯之下。余常以轿迎其女厨来园制造，看用飞面拌生猪油子团百搦，才用枣肉嵌入为馅，裁如碗大，以手搦其四边菱花样。用火盆两个，上下覆而炙之。枣不去皮，取其鲜也；油不先熬，取其生也。含之上口而化，甘而不腻，松而不滞，其工夫全在搦中，越多越妙。

制馒头法

偶食新明府馒头，白细如雪，面有银光，以为是北面[①]之故。龙[②]云不然。面不分南北，只要罗得极细。罗筛至五次，则自然白细，不必北面也。惟做酵最难。请其庖人来教，学之卒不能松散。

【注释】

①北面：北方的面粉。

②龙：袁枚的族内兄弟袁龙文。

扬州洪府粽子

洪府制粽，取顶高[①]糯米，捡其完善长白者，去其半颗散碎者，淘之极熟，用大箬叶[②]裹之，中放好火腿一大块，封锅闷煨一日一夜，柴薪不断。食之滑腻温柔，肉与米化。或云：即用火腿肥者斩碎，散置米中。

【注释】

①顶高：最高级的。

②箬（ruò）叶：箬竹的叶片，形状宽大，可用作食品（如粽子）包装物、斗笠、船篷衬垫等，还可用来加工制造箬竹酒、饲料、纸等。

拾肆

饭粥单

粥饭本也，余菜末也。本立而道生[1]。作《饭粥单》。

【注释】

①本立而道生：语出《论语 · 学而》："君子务本，本立而道生。"意为根本的东西确立起来了，"道"就产生了。

饭

王莽[1]云："盐者，百肴之将。"余则曰："饭者，百味之本。"《诗》称："释之溲溲，蒸之浮浮[2]。"是古人亦吃蒸饭。然终嫌米汁不在饭中。善煮饭者，虽煮如蒸，依旧颗粒分明，入口软糯。其诀有四：一要米好，或"香稻"，或"冬霜"，或"晚米"，或"观音秈"，或"桃花秈"，舂之极熟[3]，霉天风摊播之，不使惹霉发疹。一要善淘，淘米时不惜工夫，用手揉擦，使水从箩中淋出，竟成清水，无复米色。一要用火先武后文，闷起得宜。一要相米放水，不多不少，燥湿得宜。往往见富贵人家，讲菜不讲饭，逐末忘本，真为可笑。余不喜汤浇饭，恶失饭之本味故也。汤果佳，宁一口吃汤，一口吃饭，分前后食之，方两全其美。不得已，则用茶、用开水淘之，犹不夺饭之正味。饭之甘，在百味之上，知味者，遇好饭不必用菜。

【注释】

①王莽：汉代人，取代西汉建立新朝，后为绿林军所灭。

②释之溲溲，蒸之浮浮：出自《诗经 · 生民》。释之，指用水淘米。溲溲，淘米声。浮浮，热气上升的样子。

③舂（chōng）之极熟：把米捣去表壳，捣得极干净。舂，捣米去壳。

粥

见水不见米，非粥也；见米不见水，非粥也。必使水米融洽，柔腻如 ，而后谓之粥。尹文端公曰：“宁人等粥，毋粥等人。”此真名言，防停顿而味变汤干故也。近有为鸭粥者，入以荤腥；为八宝粥者，入以果品：俱失粥之正味。不得已，则夏用绿豆，冬用黍米，以五谷入五谷，尚属不妨。余常食于某观察家，诸菜尚可，而饭粥粗粝，勉强咽下，归而大病。尝戏语人曰：“此是五脏神[①]暴落难。”是故自禁受不得。

【注释】

①五脏神：指心、肝、脾、肺、肾。

拾伍

茶酒单

七碗生风，一杯忘世[①]，非饮用六清[②]不可。作《茶酒单》。

【注释】

①七碗生风，一杯忘世：喝七碗茶能两腋生清风，饮一杯酒能使人忘掉尘世。

②六清：水、浆、醴（lǐ）、凉、医、酏（yǐ）六饮。浆，以料汁制作，是一种微酸的酒类饮料；醴，为曲少米多的薄酒，一宿而熟，味甜；凉，以糗饭加水及冰制成的冷饮；医，粥加酒酿成的饮料，清于醴；酏，更薄于医的饮料。

茶

欲治好茶，先藏好水。水求中泠[①]、惠泉[②]。人家中何能置驿而办[③]？然天泉水、雪水，力能藏之。水新则味辣，陈则味甘。尝尽天下之茶，以武夷山顶所生，冲开白色者为第一。然入贡尚不能多，况民间乎？其次，莫如龙井。清明前者，号“莲心”，太觉味淡，以多用为妙；雨前最好，一旗一枪[④]，绿如碧玉。收法须用小纸包，每包四两，放石灰坛中，过十日则换石灰，上用纸盖札住，否则气出而色味全变矣。烹时用武火，用穿心罐[⑤]，一滚便泡，滚久则水味变矣。停滚再泡，则叶浮矣。一泡便饮，用盖掩之则味又变矣。此中消息，间不容发也。山西裴中丞尝谓人曰：“余昨日过随园，才吃一杯好茶。”呜呼！公山西人也，能为此言。而我见士大夫生长杭州，一入宦场便吃熬茶，其苦如药，其色如血。此不过肠肥脑满之人吃槟榔法也。俗矣！除吾乡龙井外，余以为可饮者，胪列[⑥]于后。

【注释】

①中泠：中泠泉，位于江苏镇江西北金山下长江边，号称“天下第一泉”。

②惠泉：无锡惠山泉，号称“天下第二泉”。

③置驿而办：指设驿站去运水。

④一旗一枪：指茶叶的嫩芽。茶芽展开称旗，茶芽尚未展开称枪。

⑤穿心罐：一种茶壶，中间有一根空心柱子直穿过茶壶盖。

⑥胪列，罗列，排列。

武夷茶

余向不喜武夷茶，嫌其浓苦如饮药。然丙午[①]秋，余游武夷到曼亭峰、天游寺诸处。僧道争以茶献。杯小如胡桃，壶小如香橼[②]，每斟无一两。上口不忍遽[③]咽，先嗅其香，再试其味，徐徐咀嚼而体贴之。果然清芬扑鼻，舌有余甘，一杯之后，再试一二杯，令人释躁平矜，怡情悦性。始觉龙井虽清而味薄矣，阳羡[④]虽佳而韵逊矣。颇有玉与水晶，品格不同之故。故武夷享天下盛名，真乃不忝[⑤]。且可以瀹[⑥]至三次，而其味犹未尽。

【注释】

①丙午：指 1786 年。

②香橼（yuán）：又名枸橼或枸橼子，橘子大小。

③遽（jù）：急促，仓促。

④阳羡：今江苏宜兴境内。

⑤忝（tiǎn）：有愧于。

⑥瀹（yuè）：煮。

龙井茶

杭州山茶，处处皆清，不过以龙井为最耳。每还乡上冢[①]，见管坟人家送一杯茶，水清茶绿，富贵人所不能吃者也。

【注释】

①还乡上冢：指清明时回乡上坟。

常州阳羡茶

阳羡茶，深碧色，形如雀舌，又如巨米[①]。味较龙井略浓。

【注释】

①巨米：大米粒。

洞庭君山茶

洞庭君山出茶，色味与龙井相同。叶微宽而绿过之。采掇最少。方毓川抚军曾惠[①]两瓶，果然佳绝。后有送者，俱非真君山物矣。

此外如六安、银针、毛尖、梅片、安化，概行黜落[②]。

【注释】

①惠：赠送，惠赠。

②概行黜落：依次排列其后。

酒

余性不近酒，故律酒过严，转能深知酒味。今海内动行绍兴，然沧酒[①]之清，浔酒[②]之洌，川酒[③]之鲜，岂在绍兴下哉！大概酒似耆老宿儒，越陈越贵，以初开坛者为佳，谚所谓“酒头茶脚[④]”是也。炖法不及则凉，太过则老，近火则味变。须隔水炖，而谨塞其出气处才佳。取可饮者，开列于后。

【注释】

①沧酒：产于沧州，历史久远，隋唐时期便有记载，到宋明时已驰名海内。

②浔酒：黄酒的一种，产于南浔，酒精度低，富含维生素、微量元素、矿物质和酚类等多种营养成分。

③川酒：产于四川地区的白酒，品种繁多，一般酒精度较高。

④酒头茶脚：喝酒要从酒坛上部舀，喝茶要喝第二遍沏出的。指酒性轻，故酒坛上部的为佳；茶性重，故沏二遍的茶为佳。

金坛[①]于酒

于文襄公家所造，有甜涩二种，以涩者为佳。一清彻骨，色若松花。其味略似绍兴，而清洌过之。

【注释】

①金坛：今常州市金坛区。

德州[1]卢酒

卢雅雨转运家所造，色如干酒，而味略厚。

【注释】

①德州：今山东德州。

四川郫筒酒[1]

郫筒酒，清洌彻底，饮之如梨汁蔗浆，不知其为酒也。但从四川万里而来，鲜有不味变者。余七饮郫筒，惟杨笠湖[2]刺史木簰[3]上所带为佳。

【注释】

①郫筒酒：清代名酒。郫，今成都郫都区。筒，指竹筒。

②杨笠湖：杨潮观，字宏度，号笠湖，江苏无锡人。

③木簰（pái）：木排。

绍兴酒

绍兴酒，如清官廉吏，不参一毫假，而其味方真。又如名士耆英[1]，长留人间，阅尽世故，而其质愈厚。故绍兴酒，不过五年者不可饮，参水者亦不能过五年。余常称绍兴为名士，烧酒为光棍。

【注释】

①耆（qí）英：高年硕德者。耆，此处指老人。

湖州南浔[1]酒

湖州南浔酒，味似绍兴，而清辣过之。亦以过三年者为佳。

【注释】

①湖州南浔：今属浙江湖州南浔区。

常州兰陵酒

唐诗有“兰陵美酒郁金香，玉碗盛来琥珀光”[1]之句。余过常州，相国刘文定公[2]饮以八年陈酒，果有琥珀之光。然味太浓厚，不复有清远之意矣。宜兴有蜀山酒，亦复相似。至于无锡酒，用天下第二泉所作，本是佳品，而被市井人苟且为之，遂至浇淳散朴[3]，殊可惜也。据云有佳者，恰未曾饮过。

【注释】

①兰陵美酒郁金香，玉碗盛来琥珀光：出自唐朝李白的《客中行》。兰陵，今山东临沂兰陵县。

②刘文定公：刘纶，字如叔，号绳庵，江苏常州人，世家子，擅古文辞，亦能诗。

③浇淳散朴：淳朴的民风消散，变得浮薄。此处比喻酒的质量下降。

溧阳乌饭酒[1]

余素不饮。丙戌年[2]，在溧水叶比部[3]家，饮乌饭酒至十六杯，傍人大骇，来相劝止。而余犹颓然，未忍释手。其色黑，其味甘鲜，口不能言其妙。据云溧水风俗：生一女，必造酒一坛，以青精饭[4]为之。俟嫁此女，才饮此酒。以故极早亦须十五六年。打瓮时只剩半坛，质能胶口[5]，香闻室外。

【注释】

①溧阳乌饭酒：溧阳，今江苏常州溧阳。乌饭酒，以乌米为原料酿制的酒。

②丙戌年：1766年。

③溧水叶比部：溧水，今南京溧水区。叶比部，即叶继雯。比部，刑部官职。

④青精饭：又称乌米饭，用糯米浸乌饭树叶之汁煮成的饭，颜色乌青，为寒食节的食品之一。

⑤胶口：黏嘴粘牙。

苏州陈三白酒[1]

乾隆三十年，余饮于苏州周慕庵[2]家。酒味鲜美，上口粘唇，在杯满而不溢。饮至十四杯，而不知是何酒，问之，主人曰："陈十余年之三白酒也。"因余爱之，次日再送一坛来，则全然不是矣。甚矣！世间尤物之难多得也。按郑康成[3]《周官》注"盎齐"云："盎者翁翁然。"如今鄼白[4]，疑即此酒。

【注释】

①三白酒：乌镇特产，由白米、白面、白水酿成。

②周慕庵：周銮，字德昔，号慕庵，嘉定人，画家。

③郑康成：郑玄，字康成，东汉末年经学家、大儒，山东高密人，遍注儒家经典。

④鄼（zàn）白：白酒。

金华酒

金华酒，有绍兴之清，无其涩；有女贞[1]之甜，无其俗。亦以陈者为佳。盖金华一路水清之故也。

【注释】

①女贞：女贞酒，属黄酒类，民间家酿，用作婚俗礼品。

山西汾酒[1]

既吃烧酒，以狠为佳。汾酒乃烧酒之至狠者。余谓烧酒者，人中之光棍，县中之酷吏也。打擂台，非光棍不可；除盗贼，非酷吏不可；驱风寒、消积滞，非烧酒不可。汾酒之下，山东膏粱烧[2]次之，能藏至十年，则酒色变绿，上口转甜，亦犹光棍做久，便无火气，殊可交也。尝见童二树[3]家泡烧酒十斤，用枸杞四两、苍术二两、巴戟天[4]一两，布扎一月，开瓮甚香。如吃猪头、羊尾、"跳神肉"之类，非烧酒不可。亦各有所宜也。

此外如苏州之女贞、福贞、元燥，宣州之豆酒，通州之枣儿红，俱不入流品；至不堪者，扬州之木瓜也，上口便俗。

【注释】

①汾酒：产于山西汾阳市杏花村，历史悠久，是我国的传统名酒，酒精度高，口感香醇。

②膏粱烧：用高粱酿造而成的酒。

③童二树：童钰，清代画家，字璞岩，一字树，又字二如、二树，别号借庵、二树山人、梅道人、梅痴、越树等，浙江绍兴人，与袁枚相交甚好。

④巴戟天：茜草科植物，其干燥根可作中药。

卷二

舌尖上的穿越：随园名菜复刻

壹

江鲜单/假蟹

1. 取一条黄鱼洗净，不去鳞，放上葱、姜片、料酒、猪油，隔水用大火蒸 6 分钟。带着鱼鳞蒸鱼，会让鱼的口感更绵滑。

2. 用筷子夹去鱼表面的葱、姜片，将鱼皮轻轻拨走。

1

2.1

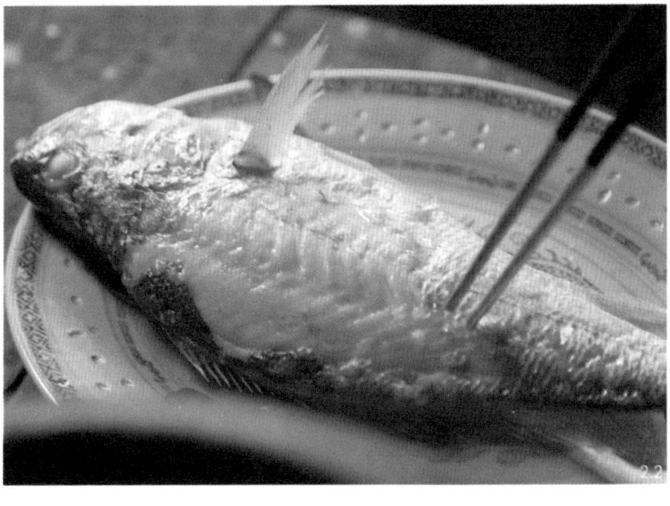
2.2

3.1

3.2

3.3

3. 将鱼肉全部取出，放入碗中，再挑去小刺。

4. 取两枚生咸鸭蛋，只取蛋黄。

5. 锅中倒入热油，将咸蛋黄倒入进行翻炒。

6. 倒入鱼肉，与咸蛋黄一起翻炒。

4

5

6

7. 准备一碗姜蓉，取一勺热油，放入几粒花椒后，将热油倒进姜蓉里。倒入香醋和料酒拌匀。

8. 将调制好的姜汁酒倒入锅中，与鱼肉和咸蛋黄一起翻炒。

9. 倒入鸡汤继续翻炒，炒熟后盛出备用。

一菜多吃之假蟹素面

1

2.1

2.2

2.3

1. 用香菇汁加盐和面，揉成面团。

2. 擀面皮，取适量切成条后入锅煮熟。

3. 面熟后捞出，将假蟹黄盖在面上，用红绿辣椒加以点缀，再淋油，即可品尝。

3.1

3.2

一菜多吃之蟹黄包

1. 将假蟹与猪蹄冻混合，冷藏后作为包子的馅料。

2. 将馅料放在做素面时未用完的面皮上，包成包子，入锅蒸 5 分钟，即可出锅。

1

2.1

2.2

前文三节，说是吃蟹，实际上是蒸了一条黄鱼。假蟹，假中自有真味。

贰

特牲单/蜜火腿

1

2.1

2.2

1. 选取火腿，洗净。

2. 将火腿切成大块，再进行切分，方便入味。

3. 准备产自绍兴的花雕酒。

4. 一蒸一晾。在碗中倒入清水，撒 2 克盐在火腿上，蒸 15 分钟。加少量盐可以去除陈年火腿中的哈喇味，更好地激发火腿中的清香。倒掉汤汁，晾至火腿凉透。

5. 二蒸二晾。在已晾凉的火腿上加上姜片、5 克冰糖、15 克花雕酒，再蒸 30 分钟。到时间后倒出汤汁，再晾凉。

6. 三蒸。在已晾凉的火腿上放上老蜂巢黑蜂蜜，加入15克花雕酒，继续蒸20分钟。到时间后倒出汤汁，再晾凉。

7. 将倒出的汤汁放入锅中，加入淀粉勾芡，调制汤汁。

8. 将调好的汤汁淋在火腿上，放上蒸熟的莲子、熟腰果加以装饰。

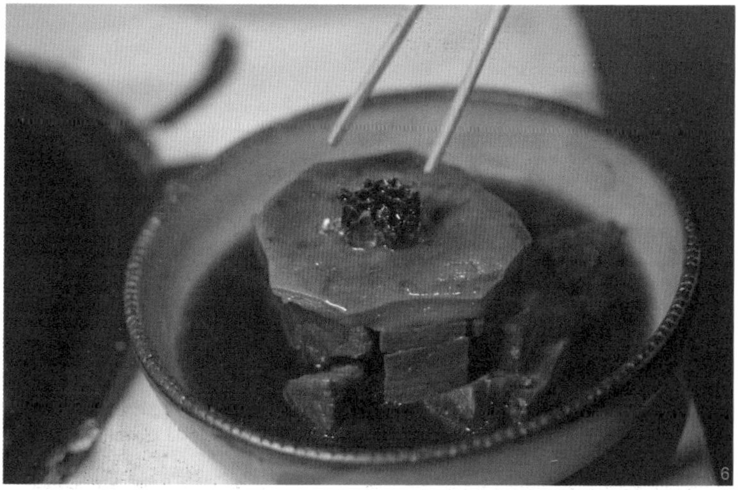

6

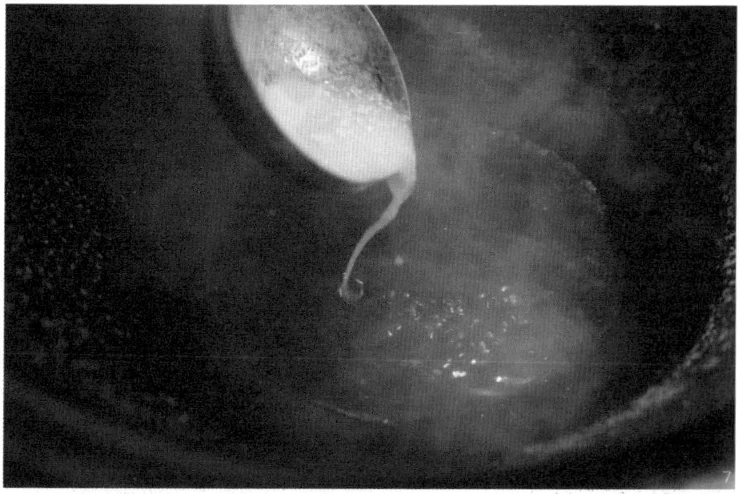

7

8

叁 杂牲单 / 羊肚羹

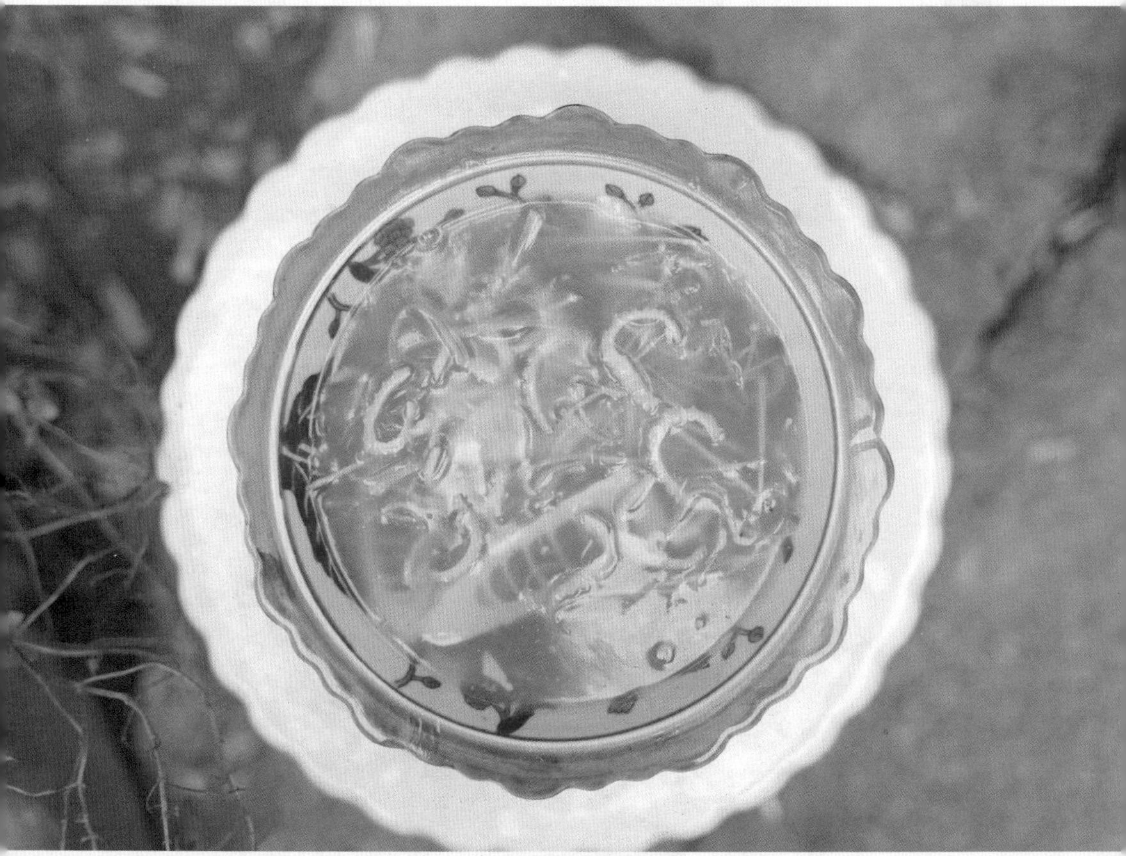

【主菜羊肚羹】

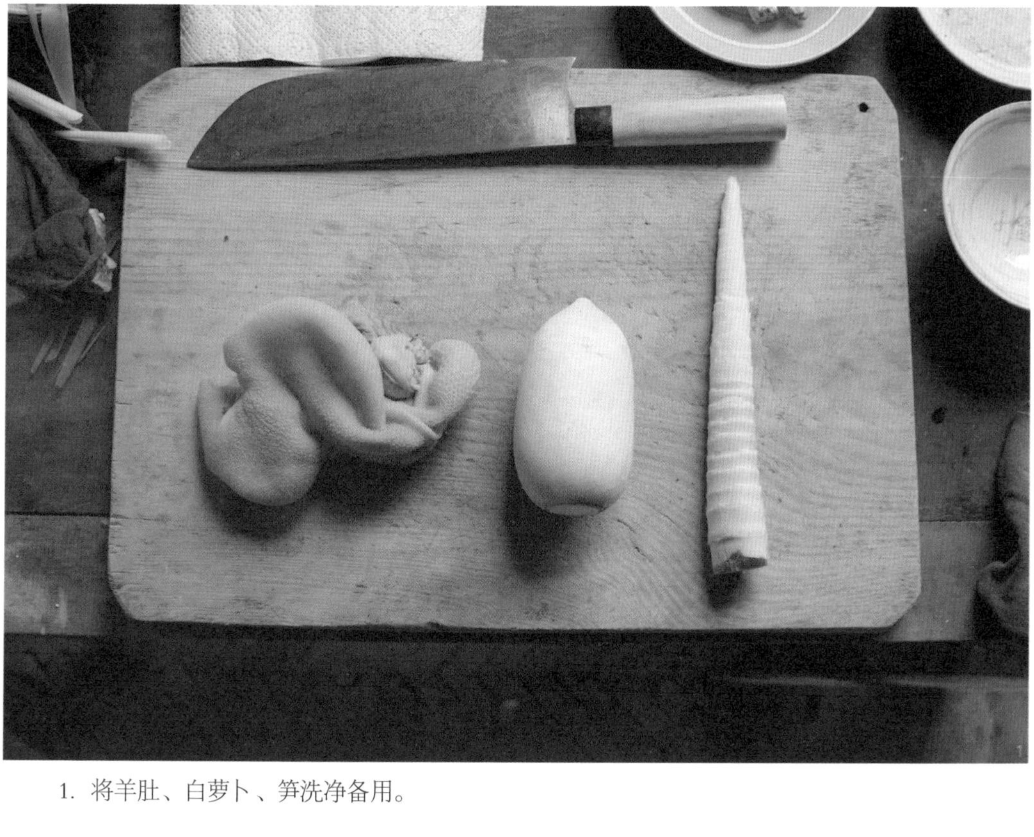

1. 将羊肚、白萝卜、笋洗净备用。

2.1

2. 将羊肚加葱、姜、醋、胡椒煮熟，切丝。白萝卜切丝，笋一部分切片，一部分切丝。

3. 将干香菇直接入油锅煸炒。

2.2

3

4. 倒入羊肚丝和笋片、笋丝翻炒几下，加入羊肉原汤，慢煮5分钟，让羊奶的香味和笋的鲜味交融。

5. 加入萝卜丝、以香醋浸泡的番薯淀粉勾芡做羹。

6. 夹出香菇，将羹盛入器皿。

4

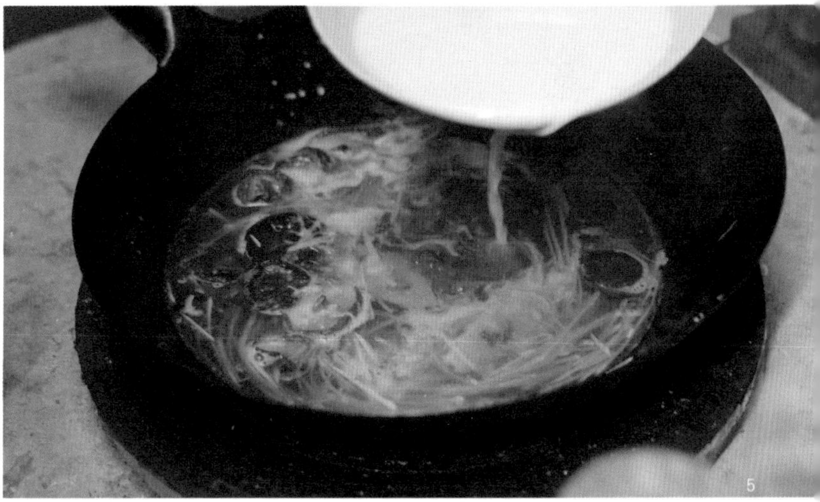

5

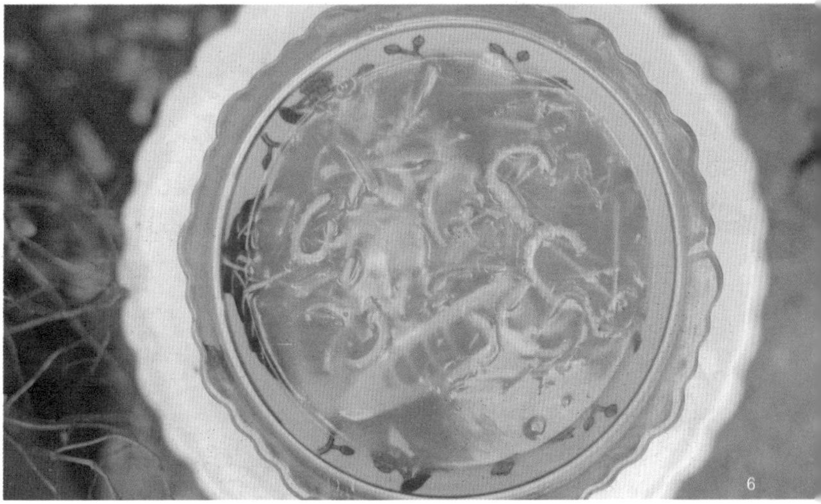

6

萝卜丝晶莹剔透如银丝，羊肚丝如卷云，笋片似山。一口一味见山河。

【副菜羊肚菌酿羊肚】

1.1

1.2

2

1. 将干羊肚菌泡发去蒂，将切好的羊肚丝用加盐的花雕酒调味。将少量番薯淀粉抓匀，酿入羊肚菌。

2. 在羊肚菌上淋上花雕酒，放上姜片、葱段，上锅蒸 10 分钟。

3. 出品保留原汤，放上炸红番薯丝。

3

肆

羽族单／鸡松

仍按照羽族单中“鸡松”的烹调方法，但选用了鹅腿两只。鹅肉性温，蛋白质含量高，更加肥美。

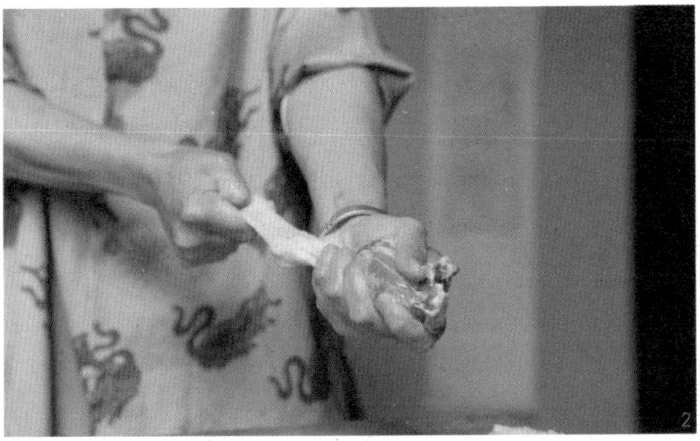

1. 取用鹅腿两只，去掉鹅油。

2. 将鹅腿去皮、去筋。

3. 冷水中放入葱、姜、花雕酒，再放入鹅腿煮至熟透。

4.1

4.2

5

4. 捞出鹅腿，剔骨。

5. 将鹅腿肉捶碎。

6. 热锅中倒入鹅油，再加入洋葱、姜片，炒出油后倒入碗中备用。

7. 锅中倒入鹅腿肉，加盐、秋油，翻炒 10 分钟，慢慢灼黄。

6.1

6.2

7

8. 盛出鹅腿肉，并捶打。

9. 将捶打后的鹅腿肉倒入锅中，加入炒过的鹅油进行翻炒。

10. 撒上白芝麻、松子肉，出锅。

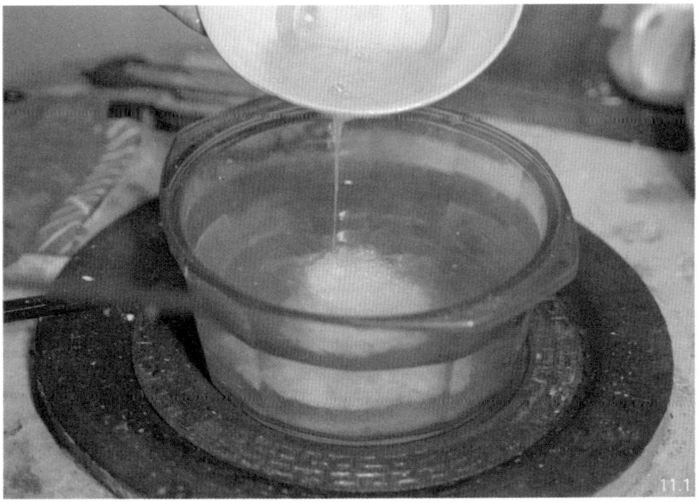

11.1

11. 将两个鹅蛋黄打散倒入沸水中煮，后用滤网捞出，以竹丝垫卷压定型。

12. 将鹅蛋黄切块，以鹅肉松垫底并摆盘。

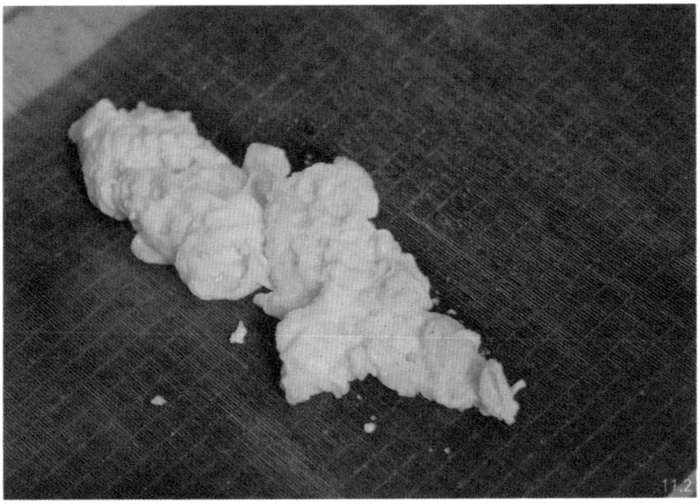

11.2

12

耳边不经意响起“鹅，鹅，鹅，曲项向天歌”。

伍

羽族单／云林鹅

1. 将鹅洗净，晾干。

2. 准备 15 克盐、50 克黄酒、10 克花椒粒、10 克葱姜汁，放入石臼中捶成泥，再将泥涂抹于鹅腹腔内，进行腌制。

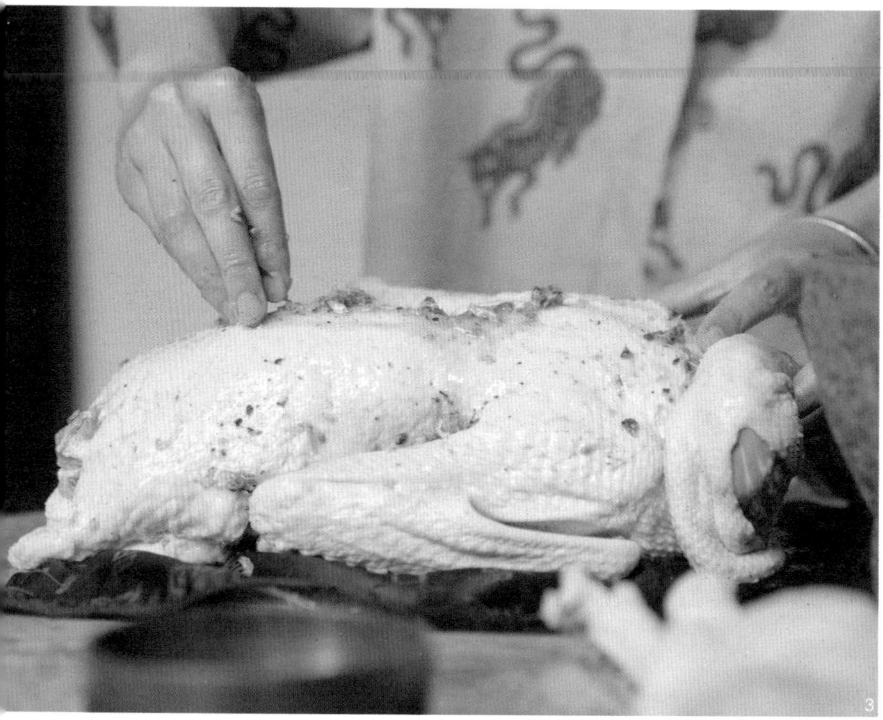

3. 在手作桂花蜜中加沉香、麝香、丁香，二次腌制鹅。

4. 鹅腹中塞入葱、姜和香茅草。

5. 锅中加一碗酒、五碗水，将鹅放在竹屉上隔水蒸一个小时。

6. 将鹅翻身，盖上锅盖，以湿宣纸封锅，再蒸一个小时。

5.1

5.2

6

7. 锅内铺上锡纸，放入5克龙井茶、10克米、2克白糖、3克花雕酒；上面架一个竹屉，再放上鹅，加盖，小火熏制。青烟冒出时，放两把松针入炉灶，猛火熏制。

8. 封盖5分钟，用茶香和酒香锁住鹅香；松烟被熏出来，锅内微微散发出焦糖香。揭盖出锅，鹅肉已经酥烂，切好摆在松针上，即可慢慢品尝。

陆

水族有鳞单 / 土步鱼

1. 将新鲜的南瓜藤切断，撒上盐，双手用力挤出多余汁水，去其苦涩味。

2. 将笋干放入清水中浸泡。

3. 将土步鱼去鳞洗净。

4. 将土步鱼置于碗中，加入葱、姜、盐腌制 10 分钟。

5. 锅中加入葱、姜等调料爆香，加入南瓜藤翻炒。

6. 加入适量清水煮3分钟。

7. 将腌制好的土步鱼放入器皿中，倒入南瓜藤汤，加入提前泡好的笋干。

8. 将器皿放入蒸笼中，大火清蒸8分钟，再熄火焖2分钟，以锁鲜。

笋干的咸鲜搭配南瓜藤的清香，一勺汤鲜香可口，一口鱼嫩滑紧致。

双鱼戏莲

1. 将土步鱼去鳞，破开鱼肚洗净，保持鱼背相连。

2. 将鱼放入碗中，加入料酒、葱、姜、盐，腌制 10 分钟。

3. 用厨房纸吸干鱼的水分，再加一个蛋黄和地瓜粉拌匀。地瓜粉能使炸好的鱼肉更酥脆。

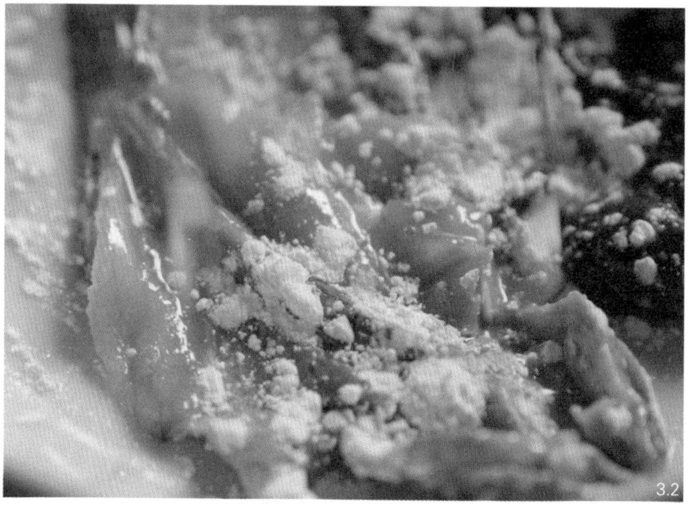

4. 将鱼缓慢放入油锅，借助漏勺定型，炸至焦黄，等待油温升高再起勺。

5. 以筷子夹住鱼尾，再炸一遍，可定型为准。

6. 另取一条花鲢去骨去刺，刀刮鱼肉制成鱼蓉，取一部分鱼蓉捍成鱼丸。

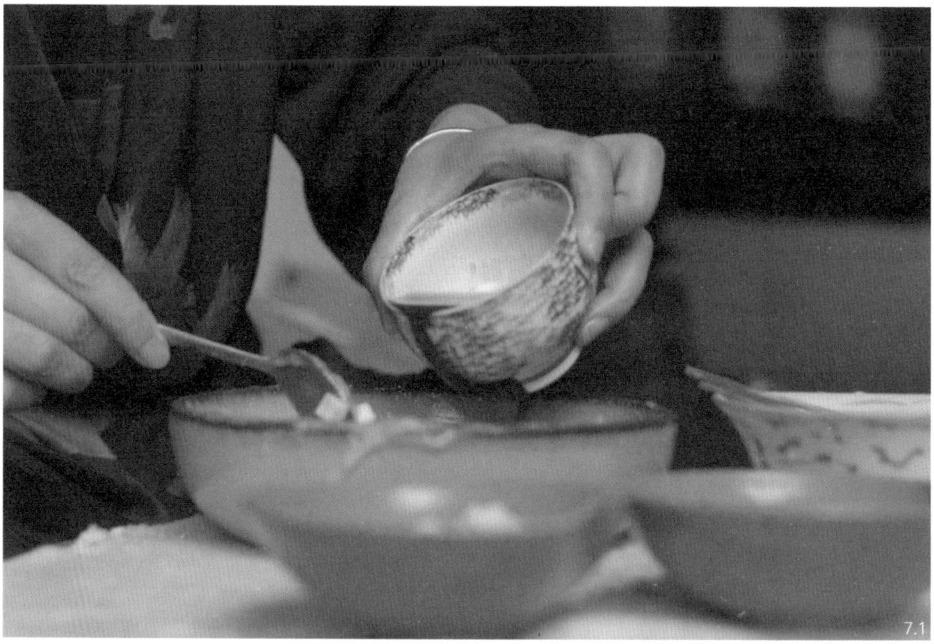

7.1

7.2

7. 在碗中加入葱、姜和石斛汁，将鱼茸染为绿色；加入少量盐，用筷子顺时针搅拌鱼茸，直至紧致饱满形不散，且有均匀的小气孔为佳。

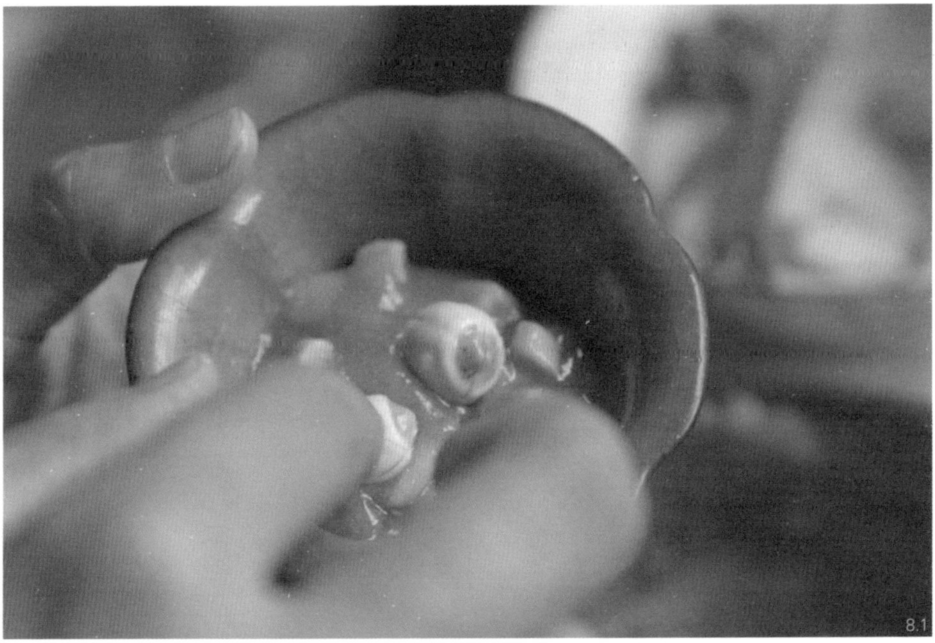

8. 将鱼茸放入茶杯中定型，放入莲子，用猪肥膘粒制成小白颗粒装饰，再在杯口位置用荷兰豆仁作莲子，塑造出立体感。

9. 将鱼丸和“莲蓬”放入锅中加水煮熟。

10. 锅中加入“水中碧螺春”莼菜，用藕粉勾薄芡，锁住味道。将茭白雕刻成毛笔形状，一起放入锅中，可用作摆盘的装饰。

11. 用炸好的土步鱼做食器，放入鱼丸和“莲蓬”，用莼菜加以装饰。盘中宛如莲蓬露出水面，一盘佳肴如同一处美景。

柒

水族有鳞单/醋搂鱼

挑选两条草鱼，饿养两日，使之泥气吐净、肠道清洁，肉质紧致。

将饿养后的草鱼剖肚，取出完整鱼胆、其他内脏，洗净鱼身。鱼肉洗得越久越白净。

1. 鱼去内脏洗净后，再去鳞。

2. 将鱼平切，一分为二，第二刀取出鱼齿。带着鱼背骨的是雄片，不带鱼背骨的叫雌片。雄片切 6 刀，雌片最厚的部分切半刀，不破皮。一共切 7 刀半，让鱼肉、鱼皮在烹调中均匀收缩，切口外翻，鱼鳍翘起。

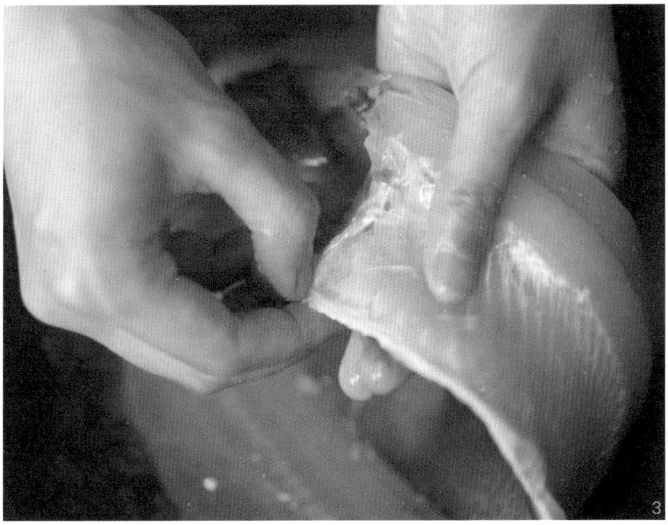

3. 用盐水清洗切好的鱼肉，去除鱼身上的黏液。

4. 在清水里加入葱、姜、料酒，将洗好的鱼肉浸入以去腥。

5. 将清水倒入锅中，加入葱、姜同煮。水开后熄火，放入去腥后的鱼肉，这一步称为“养”，需“养”6分钟。

6.1

6.2

6. 将姜蓉、板浦醋调匀，制成姜蓉醋汁；将“养”熟的鱼肉装盘，把姜蓉醋汁淋在鱼身上。

7.1

7.2

7. 另用30毫升清汤，与10克甘蔗汁，5克花雕酒、两小勺秋油、两小勺醋调和，倒入锅中煮。另将手作藕粉和醋调匀做芡汁，等鱼汤汁沸腾，慢慢倒入芡汁，使芡汁透亮，将调好的汁淋在鱼身上。撒上姜蓉装饰。

如果想品尝酸辣味的醋搂鱼，可以把草鱼切成蝴蝶鱼片，蘸上藕粉，裹入馅料，蒸熟，加入辣椒、葱、蒜，淋油，好看又好吃。

捌

水族无鳞单 / 炸鳗

1. 将鳗鱼用白酒醉倒，加盐，去黏液，去首尾，斩至每段 3.33 厘米左右。

2. 将冷油倒入油锅，加入花椒粒、5 克芝麻油、姜片、5 克香油。鳗鱼冷油入锅，慢慢炸熟。

1

2.1

2.2

2.3

3. 取茼蒿的嫩尖，用猪油炒制。

4. 将炸好的鳗鱼放置于茼蒿之上，加适量清水，用小火煨15分钟。

3.1

3.2

4

5. 盛出鳗鱼，取出鳗鱼的骨头。

6. 将鳗鱼骨裹上淀粉，用原油炸酥脆。

7. 装盘。茼蒿的清香,配上炸鳗的绵软，鱼骨的脆香，咬上一口，应该就是在享受“慢生活”了。

玖

杂素菜单 / 王太守八宝豆腐

1

2

1. 将黄豆用石磨加泉水磨成浆。该泉水可溶性矿物质含量较低，硬度低，水质极好。

2. 用柴火煮开豆浆，缓缓加入盐卤水，静置5分钟待其凝固。

3. 将一部分豆花盛出备用，另外一部分豆花制成形豆腐。

4. 准备：鸡油、豆腐、南瓜、香菇、松茸、松子仁、姜蓉、火腿、瓜子仁。

3

4

5. 将鸡油倒入锅中，等油热后加入切好的香菇、松茸、姜蓉、火腿翻炒。

6. 待炒制出香味后，加入豆腐、南瓜翻炒。

7. 加入豆花，文火慢煮 2 分钟。

8. 武火勾芡，再淋鸡油，装盘后加入瓜子仁、松子仁，其形色如蟹黄汤。一勺八宝豆腐，味道层次丰富，香滑爽口。

拾

点心单/烧饼

1. 用热水和面，以使面饼炙烤后更加香脆。

2. 准备以 3:7 的比例混合切碎的肥瘦肉，用九头芥经九蒸九晒制成的梅干菜，葱花（洗净晾晒之后更香），白糖蜂蜜水。

3. 在面饼中塞入肉馅儿、梅干菜，以及一小撮葱花。

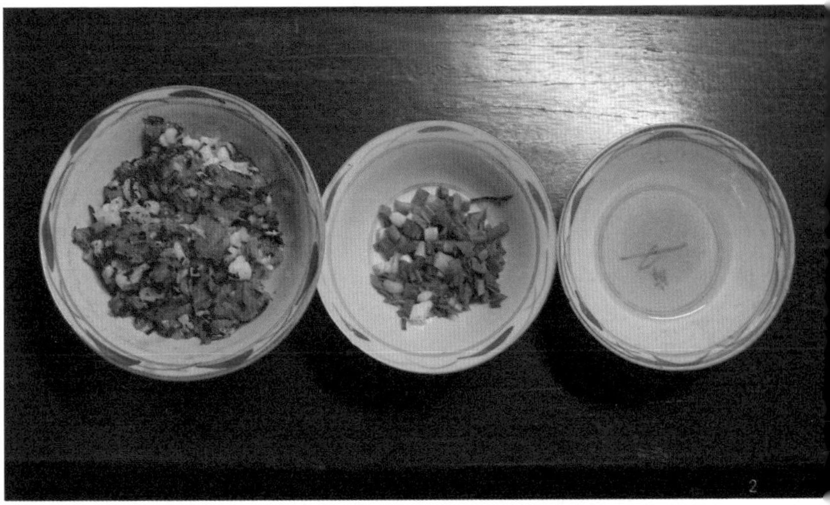

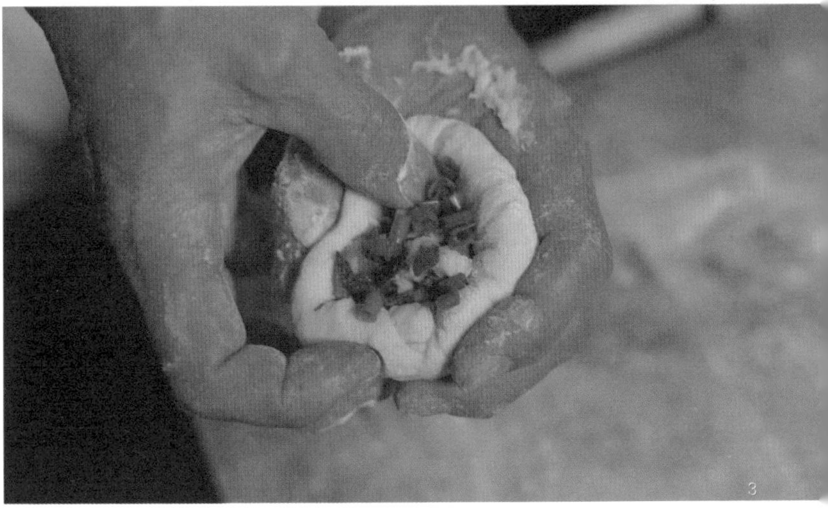

4. 封口后压薄，刷上一层白糖蜂蜜水，撒上几粒芝麻，入烤桶烤制 3 分钟，出品焦黄。

4.1

4.2

【另外一种做法】

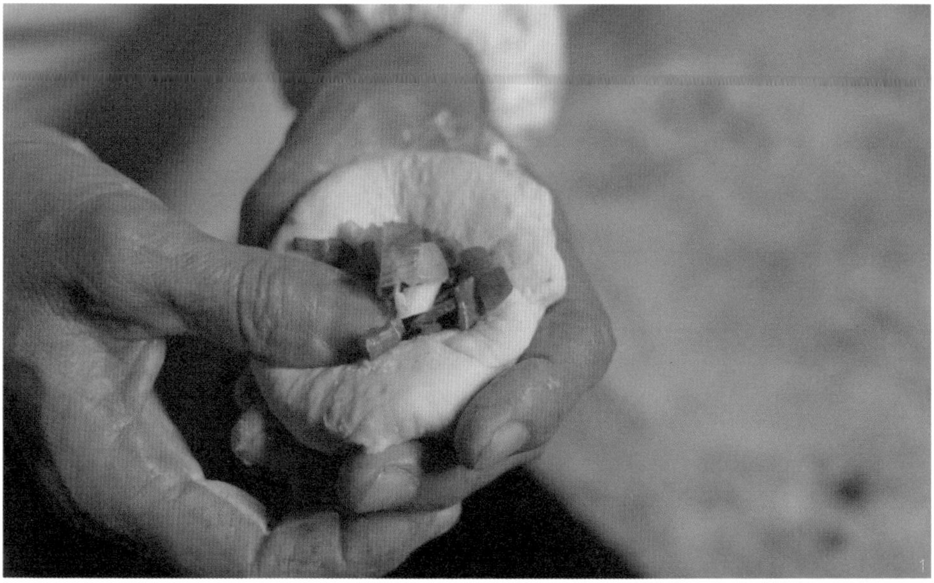

1. 另外还有一种做法：不加肉馅儿，直接包上葱花，用擀面杖将面饼压至厚度为 2 毫米左右。

2. 刷白糖蜂蜜水，撒芝麻，入烤桶炙烤。用这一做法制作的烧饼，薄脆中空，为空心烧饼。